DE LA CULTURE

DU TABAC.

Vom

Tabakbau.

STRASBOURG,

Janvier 1850.

DE LA CULTURE

DU TABAC.

Bom

Tabakbau.

1850

INTRODUCTION.

Parmi les produits si variés et si abondants qui sont dus à la fertilité du sol dans le Bas-Rhin et à l'intelligente activité des habitants, le tabac mérite, à un haut degré, de fixer l'attention des agronomes et de toutes les personnes qui s'intéressent à la prospérité de ce beau département, où la culture de cette plante est depuis longtemps une source de revenus considérables et susceptibles de s'accroître encore.

Nous avons donc pensé que nous ferions une chose agréable à nos lecteurs, et peut-être utile au pays, en publiant, à la suite des autres documents statistiques que renferme l'Annuaire du Bas-Rhin pour l'année 1850, le texte et la traduction qu'on a bien voulu nous remettre d'un ouvrage imprimé à Heidelberg en 1841, et indiquant, d'après de longues expériences qui ont été faites avec soin dans une contrée voisine de l'Alsace, les méthodes à suivre avant et après la récolte, méthodes à l'aide desquelles les tabacs de cette contrée ont acquis aujourd'hui une qualité remarquable.

Mais, avant de livrer ces détails instructifs que la similitude du sol et du climat semble rendre d'une application facile au Bas-Rhin, sauf quelques modifications que nécessite la législation spéciale, et que nous indiquerons sommairement par des notes, nous croyons devoir présenter un abrégé historique de la culture du tabac en Alsace, afin de faire bien comprendre l'importance de cette branche d'industrie agricole et la nécessité, pour les planteurs, d'entrer franchement et résolument dans la voie des amélio-

Vorwort.

Unter den so mannigfaltigen und reichen Erzeugnissen, die man dem fruchtbaren Boden des Niederrheins und der Thätigkeit seiner Einwohner verdanket, darf und muß der Tabak in hohem Grade die Aufmerksamkeit der Landwirthe und aller derjenigen Personen erregen, denen das Gedeihen dieses schönen Departements am Herzen liegt, wo der Anbau dieser Pflanze, von langer Zeit her, eine Quelle beträchtlicher Einkünfte ist, die noch zunehmen können.

Wir haben daher geglaubt, unsern Lesern etwas angenehmes, und unserm Lande etwas nützliches zu erweisen, wenn wir, nach den andern statistischen Dokumenten des Annuaire du Bas-Rhin für das Jahr 1850, eine im Jahr 1841 zu Heidelberg erschienene Druckschrift in der Ursprache nebst Uebersetzung mittheilen würden, welche Schrift die vor und nach der Ernte zu befolgende Verfahrungsweise angibt, durch welche nach langer Erfahrung, im Nachbarlande, der Tabak besonders an Werth gewonnen hat.

Allein, ehe und bevor wir diese belehrende Angaben mittheilen, die, nach der Aehnlichkeit des Bodens und Climas zu urtheilen, leicht im Niederrhein angewandt werden können, vorbehaltlich einiger leichten Abänderungen, welche die besondere Gesetzgebung erfordert, und die wir kurzgefaßt in Anmerkungen anzeigen werden; so glauben wir einen Ueberblick der Geschichte des Tabakbaues im Elsaß geben zu sollen, damit man den vollen Ertrag dieses landwirthschaftlichen Zweiges einsehe, und wie nothwendig es für die Pflanzer sey, aufrichtig und entschlossen sich mit Ver-

rations vers lesquelles doit les porter leur propre intérêt.

L'époque à laquelle la plantation du tabac a été introduite dans le département du Bas-Rhin, remonte aux premières années du 17.ᵉ siècle; il est fait, à ce sujet, mention d'un procès fort curieux dans un rapport, par lequel M. l'archiviste en chef de la préfecture rend compte de quelques-unes de ses savantes et utiles recherches. Comme ce rapport a été inséré dans l'Annuaire du Bas-Rhin pour 1849, nous nous bornerons à y renvoyer nos lecteurs. Ce que nous devons constater ici, c'est que la première plantation de tabacs dans le département date de 1620, et non de 1629. Schœpflin rapporte, en effet (Alsace illustrée, tom. II, p. 351), qu'à cette époque la culture du tabac fut introduite à proximité de Strasbourg, dans un canton appelé autrefois *Wach-Wœrth*, par un nommé Robert Kœnigsmann, négociant de cette ville, qui avait apporté la semence d'Angleterre.

La ferme qu'il créa, fut appelée ferme d'Angleterre, soit que ce nom lui vînt de ce que le propriétaire avait voyagé en Angleterre, soit parce qu'elle fut habitée plus tard par un Anglais, dont la présence dans le pays fut d'autant plus remarquée, qu'il passait pour avoir été un des juges de Charles I.ᵉʳ

Cette culture a dû d'abord faire peu de progrès, car on était alors au plus fort de la guerre de trente ans, durant laquelle l'Alsace fut occupée et ravagée tour à tour par les Impériaux et les Suédois.

Après le rétablissement de la paix, la plantation du tabac se répandit dans les environs de Benfeld, notamment à Matzenheim, commune dont le nom servit longtemps à désigner, en Suisse, les tabacs d'Alsace.

besserungen zu befassen, wozu ihr eigener Vortheil sie
bewegen muß.

Der Zeitpunkt wann der Tabakbau im niederrheinischen
Departement eingeführt worden, ist in den ersten Jahren
des 17ten Jahrhunderts zu finden. Es hat in dieser Be=
ziehung ein merkwürdiger Prozeß Statt gehabt, wovon
der Hr. Ober=Archivar der Präfektur in einem Bericht
über mehrere seiner gelehrten und nützlichen Forschungen
Meldung thut. Da dieser Bericht im Annuaire du Bas-Rhin
für 1849 steht, so wollen wir hier unsere Leser bloß auf
denselben verweisen. Wir müssen jedoch hier bestätigen, daß
die erste Tabakpflanzung in unserm Departement vom Jahr
1620, und nicht von 1629, datirt. In der That Schöpflin
(Alsat. illustr., Th. II, S. 351) berichtet, daß um jene
Zeit der Tabakbau in der Nähe von Straßburg, in einer
Gewand, damals Wachwörth genannt, durch einen hiesi=
gen Kaufmann, Robert Königsmann, der den Samen
aus England gebracht hat, ist eingeführt worden.

Die Landwirthschaft die derselbe allda errichtete, wurde
engländischer Hof genannt, vielleicht eben weil sein Besitzer
England bereiset hatte, oder auch weil den Hof späterhin
ein Engländer bewohnte, dessen Gegenwart im Lande um
so mehr bemerkt wurde, da er einer der Richter Karls
des 1sten gewesen seyn soll.

Ohne Zweifel hat diese Pflanzung anfänglich wenig Fort=
schritte gemacht, denn es war in der schlimmsten Zeit des
dreißigjährigen Kriegs, während welcher das Elsaß bald
von den Kaiserlichen, bald von den Schweden besetzt und
verheert wurde.

Nach Wiederherstellung des Friedens verbreitete sich der
Tabakbau in der Gegend von Benfelden, namentlich zu
Matzenheim, und während langer Zeit wurde in der Schweiz
aller elsässische Tabak Matzenheimer genannt.

Les tabacs récoltés à Matzenheim étaient, de préférence, employés à la fabrication de carottes à pulvériser, ayant environ 5 pouces (12 centimètres) de longueur et enveloppées de clinquant. On faisait alors usage de tabatières garnies d'une petite râpe, avec laquelle on réduisait la carotte en poudre, au fur et à mesure de la consommation.

L'extension de la culture nouvelle se fit remarquer aussi dans une partie des villages qui environnent Bischwiller et qui appartenaient aux principautés de Deux-Ponts et de Darmstadt; là, sans doute, à cause du peu d'épaisseur et d'onctuosité du feuillage produit par un sol léger, les tabacs servaient principalement à la fabrication de rôles qui, filés très-fin, ayant une belle couleur rougeâtre et disposés en petits rouleaux, se vendaient à des prix fort élevés.

L'émulation, excitée parmi les planteurs du Bas-Rhin, fut telle dès cette époque, et les progrès furent si rapides que, vers le milieu du dix-huitième siècle, les quantités de tabacs reconnues à la balance de la douane de Strasbourg avaient atteint, année moyenne, cinq millions de livres (2,500,000 kilogr.), et, cependant, ces quantités ne représentaient que les deux tiers, à peu près, des produits d'une récolte (Hermann, Notices sur Strasbourg, t. II, p. 121).

Le commerce d'exportation des tabacs fabriqués avait pris beaucoup d'importance ; il s'exerçait aussi sur les tabacs en feuilles (bien que la culture de cette plante eût été introduite également avec succès à l'étranger), parce que les feuilles d'Alsace, n'ayant pas de goût prédominant, étaient recherchées comme propres à des mélanges avantageux : c'est encore ce qui les distingue maintenant.

Quand, à deux reprises différentes, en 1674 et en 1697, le privilége exclusif de la fabrication et de la

Aus dem Matzenheimer Tabak wurden vorzüglich Ta=
baksstängelchen verfertiget, welche 5 Zoll (12 Centimeter)
lang und mit Flitter=Gold umlegt waren und zu Schnupf=
tabak verrieben wurden. Man hatte damals Dosen mit
einer kleinen Rappe, womit man an der Stange abrieb,
so oft man eine Prise nehmen wollte.

Man bemerkte auch die neue Pflanzung in einigen Dör=
fern der Gegend von Bischweiler, so den Fürsten von
Zweibrücken und Darmstadt gehörten. Da, ohne Zweifel
wegen des leichten Bodens, die Blätter nicht dick und
fett genug waren, so wurden aus diesem Tabak Rollen
verfertigt, welche, sehr fein gesponnen, schön rothfarbig
und in Röllchen, theuer verkauft wurden.

Es entstand damals ein solcher Wetteifer unter den
Pflanzern, und der Tabakbau machte so rasche Fortschritte,
daß, in der Mitte des 18ten Jahrhunderts, der bei der
Straßburgischen Mauth anerkannte Tabak, sich jährlich
auf fünf Millionen Pfund (2,500,000 Kilogr.) belief,
und doch waren diese nur ohngefähr zwei Drittheile einer
Erndte (Hermann's Notices sur Strasbourg, 2ter Theil,
S. 121).

Der Handel des fabrizirten Tabaks war sehr beträchtlich
mit fremden Ländern; es wurde auch Tabak in Blättern
ausgeführt, obschon der Tabakbau auch im Ausland
mit gutem Erfolg eingeführt worden war; man suchte die
Elsäßischen Tabakblätter, um sie mit andern zu vermischen,
weil sie keinen vorwaltenden Geruch hatten, und jetzt
noch sind sie deßwegen ausgezeichnet.

Als zu zwei verschiedenen Malen, in den Jahren 1674
und 1697, das ausschließliche Vorrecht Tabak zu fabri=
ziren und zu verkaufen, in Frankreich an Pächter gegeben

vente des tabacs, en France, fut concédé à des fermiers (ce qui amena l'interdiction de la culture de cette plante dans plusieurs provinces où elle avait été introduite), l'Alsace dut particulièrement aux stipulations insérées dans l'acte de réunion, de n'être pas comprise dans le rayon sur lequel s'étendait l'action de la ferme.

Pendant la guerre d'Amérique, la ferme générale, contrariée dans ses achats de feuilles de Virginie et de Maryland, fut obligée de recourir aux produits de l'Alsace, et la culture dans cette province, bien que concentrée presque exclusivement dans les parties de territoire qui composent aujourd'hui les arrondissements de Strasbourg et de Schlestadt, prit un nouveau développement qui porta la récolte à plus de cent mille quintaux (5,000,000 de kilogrammes).

Le centre de la fabrication était à Strasbourg : on comptait, dans cette ville, en 1787, trente-sept fabriques de tabac en poudre et seize de tabac à fumer.

Une grande exportation de ces tabacs fabriqués avait lieu en Allemagne, en Suisse, en Italie, même en Hollande, bien qu'il y existât aussi de nombreuses manufactures, et dans d'autres parties du Nord. On n'estime pas à moins de 2,200,000 francs la valeur de ces exportations annuelles.

Pendant le cours des guerres de la révolution et de l'empire, la culture du tabac continua à s'étendre dans le Bas-Rhin, en raison des obstacles que la guerre maritime, et l'excessive élévation des tarifs de douane opposaient à l'introduction des feuilles exotiques ; mais, comme il arrive souvent, on s'exagéra, dans les campagnes, les chances avantageuses que présentait cette situation pour la culture indigène, parce qu'on ne tint pas assez compte des progrès que cette culture avait faite aussi dans d'autres con-

wurde, was das Verbot des Tabakbaus in mehreren Pro-
vinzen nach sich zog, wo derselbe eingeführt war, so hatte
das Elsaß, namentlich den Verfügungen des Vereinigungs=
Akts zu verdanken, daß es nicht in den Bezirk des Pacht=
rorrechts begriffen wurde.

Während des Amerikanischen Kriegs mußte die General=
Pachterei, die nicht mehr in Virginien und Maryland kaufen
konnte, theilweise ihre Blätter aus dem Elsaß beziehen,
und der Tabakbau in dieser Provinz, wiewohl er sich bei=
nahe ausschließlich auf die jetzigen Bezirke Straßburg und
Schlettstadt beschränkte, nahm einen neuen Aufschwung,
und der jährliche Ertrag belief sich auf mehr als hundert
tausend Zentner (5,000,000 Kilogr.).

Der Hauptsitz der Fabrikation war zu Straßburg; im
Jahr 1787 zählte man in dieser Stadt 37 Fabriken für
Schnupftabak, und 16 für Rauchtabak.

Eine starke Ausfuhr fabrizirten Tabaks hatte Statt,
nach Deutschland, der Schweiz, Italien, selbst nach Holland (wiewohl dort gleichfalls viele Manufakturen waren)•
und nach anderen Gegenden des Nordens; den Betrag dieses
Verkaufs schätzte man nicht geringer als auf 2,200,000 Fr.
jährlich.

Während der Revolutions= und der Kaiserthums=
Kriege, fuhr der Tabakbau fort sich im Niederrhein aus=
zudehnen, je mehr der Seekrieg und die übermäßigen
Mauth=Tarife die Einfuhr ausländischer Blätter er=
schwerte; allein man überschätzte auf dem Land die großen Vortheile welche diese Lage dem inländischen Bau
darbot, weil man nicht genug bedachte, daß Letzterer auch
in andern Gegenden Europas Fortschritte gemacht; bald
wurde im Niederrhein weit mehr Tabak gebaut als man
verkaufen konnte; so daß, bei Einführung des Mono=

trées de l'Europe, et bientôt les plantations de tabac
se multiplièrent dans le Bas-Rhin dans une proportion bien supérieure aux ressources de la vente. Ce
fut au point qu'à l'époque de l'établissement du mo-
nopole, en 1811, la régie eut à recevoir de ce seul
département, en exécution d'un décret du 29 décembre 1810, 10,089,900 kilogrammes de feuilles provenant des dernières récoltes, dont les neuf dixièmes,
ou plus de neuf millions de kilogrammes, entassés
chez les cultivateurs, commençaient à se gâter.

L'achat que fit le Gouvernement de cette masse de
tabacs qui dépérissaient, à défaut de débouchés suf-
fisants par l'exportation, qui s'était considérablement
ralentie, a sauvé les planteurs de l'embarras extrême
dans lequel les avait placés l'excès de production.

Depuis 1811 jusqu'en 1816, la culture du tabac,
limitée dans chacun des départements où elle restait
autorisée, d'après les besoins de la fabrication dans
les manufactures de l'État, demeura à peu près sta-
tionnaire; mais elle acquit, en 1816, la possibilité
d'un plus grand développement, par suite de la faculté qui fut accordée par la loi du 28 avril de
planter pour l'exportation. Toutefois, les heureux
effets qu'on devait attendre de cette concession, ne
se firent bien sentir dans le Bas-Rhin qu'à partir de
1837, époque à laquelle des améliorations remarquées
dans les soins donnés à la préparation des terres, aux
plantes sur pied et à la dessiccation des feuilles, atti-
rèrent un plus grand concours d'acheteurs et augmen-
tèrent ainsi la valeur de cette marchandise.

Dès l'année 1839, ce commencement d'améliora-
ration détermina le Gouvernement à demander au
département une portion plus considérable de l'approvisionnement de ses manufactures ; elle fut portée,
de 3,800,000 kilogrammes à 4,000,000 de kilogr., et

pols im Jahr 1811, die Regie in diesem Departement allein schon, gemäß dem Dekret vom 29sten Dezember 1810, 10,089,900 Kilogr. Blätter von den letztern Jahrgängen übernehmen mußte, wovon neun Zehntel, nämlich mehr als neun Millionen Kilogrammes, bei den Pflanzern aufgehäuft, zu verderben anfiengen.

Der Ankauf welchen die Regierung machte von dieser Menge Tabaks, welcher aus Mangel an Absatz, der sich beträchtlich vermindert hatte, zu verderben drohte, hat die Ackersleute aus der außerordentlichen Verlegenheit gerettet, in die sie durch übermäßige Pflanzung gerathen waren.

Von 1811 bis 1816 nahm der Tabakbau, der in jedem dazu ermächtigten Departement auf den Fabrizirungs-Bedarf der Staats-Manufakturen beschränkt war, nicht zu, aber er verminderte sich auch nicht; allein im Jahr 1816 wurde ihm eine weitere Entwickelung möglich, indem das Gesetz vom 28sten April gestattete, für die Ausfuhr zu pflanzen, doch waren die erwarteten guten Wirkungen dieser Erlaubniß, erst vom Jahr 1837 an recht fühlbar, um welche Zeit eine bessere Bereitung des Bodens, bessere Besorgung der Pflanzen auf dem Feld, und besseres Trocknen der Blätter sich bemerklich machte, und mehr Käufer anzog, so daß der Preis der Waare stieg.

Bereits im Jahre 1839, bewog diese beginnende Verbesserung die Regierung, an das Departement einen stärkern Beitrag zum Bedarf ihrer Manufakturen zu verlangen; er wurde von 3,800,000 Kilogr. auf vier Millionen und allmählig bis auf 4,378,000 Kilogr. erhöht; dieses Contingent wurde dem Jahrgang 1840 zugewiesen, seitdem

successivement jusqu'à 4,378,000 kilogrammes, contingent assigné à la récolte de 1840, et qui, depuis, maintenu à ce chiffre, a été quelquefois dépassé par les livraisons effectives.

C'est aussi à dater de la récolte de 1839 que les ventes pour l'étranger se sont accrues, en raison, notamment de l'importance des achats faits pour la Suisse et pour l'Italie, où les tabacs d'Alsace commencent à être mieux appréciés. Le produit annuel de la culture pour l'exportation, est nécessairement variable, puisqu'il est subordonné aux besoins présumés du commerce et à la concurrence des autres pays de production; mais on peut, sans exagération, l'évaluer, d'après les résultats des dernières années, de sept à huit cent mille kilogrammes.

Les récoltes provenant de plantations effectuées pour l'approvisionnement des manufactures de l'État, et dont l'ensemble reste peu au-dessous de cinq millions de kilogrammes, sont versées, par les cultivateurs, dans les magasins de la régie, à Strasbourg, Schlestadt et Benfeld, en deux fois. La première livraison, qui comprend les feuilles de terre dont la récolte et la dessiccation précèdent toujours celle des grandes feuilles, a lieu dès le mois de novembre ou fin d'octobre, pour finir avant le 20 décembre; la seconde, qui se compose des grandes feuilles, est effectuée en janvier, février, mars et les premiers jours d'avril.

Payées au moment même de la réception des quantités apportées par chaque planteur d'après un tarif, augmenté depuis deux ans, et fixé, savoir : à 80 fr. par 100 kilogrammes pour les tabacs dits de surchoix; à 70, 60, 50 francs pour les tabacs marchands de 1.", 2.ᵉ et 3.ᵉ qualité, et de 40 francs à 10 francs pour les tabacs non marchands et feuilles de terre,

gehandhabt, in den wirklichen Lieferungen aber bisweilen überschritten.

Seit 1839 hat die Ausfuhr gleichfalls zugenommen, durch beträchtliche Ankäufe für die Schweiz und Italien, wo der Elsässische Tabak beginnt besser gewürdiget zu werden. Der jährliche Ertrag für die Ausfuhr, ist nothwendig dem Wechsel unterworfen, da er von dem muthmaßlichen Bedarf des Handels und von der Mitbewerbung anderer Länder, wo auch Tabak gepflanzt wird, abhängt; allein, man kann denselben ohne Uebertreibung, nach dem Ergebniß der letztern Jahre, auf sieben bis achtmalhunderttausend Kilogrammes anschlagen.

Der für den Bedarf der Staats = Manufakturen gepflanzte Tabak, der sich beinahe auf fünf Millionen Kilogrammes beläuft, wird von den Ackersleuten in die Regie=Magazine zu Straßburg, Schlettstadt und Benfelden, geliefert, und zwar in zweien Malen; die erste Ablieferung, nämlich der Bodenblätter, welche jederzeit vor den großen Blättern eingeerndtet und getrocknet werden, beginnt mit dem Monat November oder Ende Oktobers, und wird vor dem 20sten Dezember beendigt; die zweite, die der großen Blätter, hat in den Monaten Jänner, Hornung, März und zu Anfang Aprils Statt.

Die Waare wird gleich im Augenblick der Ablieferung bezahlt, nach einem Tarif der seit zwei Jahren erhöht worden und folgendermaßen festgesetzt ist: 80 Fr. für 100 Kilogrammes auserlesenen Tabak, 70, 60, 50 Fr. für guten kaufmännischen Tabak erster, zweiter und dritter Qualität, 40 bis 10 Fr. für nicht guten kaufmännischen Tabak und Bodenblätter. Auf diese Weise beziehen 4 bis 5000

ces récoltes mettent, à la disposition de quatre à
cinq mille planteurs, plus de deux millions de francs;
l'étendue de la culture, pour l'approvisionnement de
la régie, étant réglée à 2146 hectares, plus le cin-
quième pour excédant de tolérance, on voit que le
rendement d'un hectare est à peu près de 1000 francs.

Il est alloué, en outre, aux cultivateurs qui présentent leurs récoltes dans un bon état de triage et
de manoquage une indemnité, qui peut être portée
jusqu'à 3 francs par 100 kilogrammes, afin de les
couvrir des frais de main-d'œuvre nécessités par cette
préparation que l'arrêté réglementaire rend obliga-
toire, et qui, depuis qu'elle a été introduite, tend,
chaque année, à faire disparaître le degré d'infériorité
apparente des feuilles du Bas-Rhin, relativement à
celles provenant d'autres pays producteurs, où les
mêmes soins sont pratiqués depuis longtemps.

Quant à la culture déclarée annuellement pour
l'exportation, elle produit, ainsi que nous l'avons
dit, sept à huit cent mille kilogrammes qui sont
achetés par le commerce, à partir du 15 novembre;
et il résulte de renseignements recueillis avec toute
l'exactitude possible, que le prix moyen payé aux
cultivateurs, pour ces tabacs, peut être, année
moyenne, évalué de 40 à 45 francs pour 100 kilogr.,
ou de trois à quatre cent mille francs pour l'ensemble de la récolte.

Le triage et le manoquage des tabacs destinés à
l'exportation, n'ayant pas été exigés, toute liberté,
pour la préparation, est laissée aux cultivateurs, qui
sont tenus seulement de conduire leurs tabacs, avant
de les livrer au commerce, ou de les exporter sans
intermédiaire, dans le magasin de la régie pour y
être, conformément à la loi, reconnus, pesés, cordés
et plombés; mais, au dire de personnes qui s'occu-

Pflanzer zusammen jährlich mehr als zwei Millionen Fr.; da die Pflanzung für die Regie auf 2146 Hectares, und auf das geduldete Fünftel mehr, festgesetzt ist, so ergibt sich, daß der Ertrag eines Hectare sich nahe an tausend Franken beläuft.

Außerdem wird denjenigen Ackersleuten, welche ihre Erndte gut sortirt und gut gepüppelt liefern, eine Entschädigung für Arbeitslohn bewilligt, die sich bis auf 3 Fr. vom 100 Kilogr. belaufen kann. Diese Arbeit ist durch den Reglementar-Beschluß als unerläßlich vorgeschrieben, und eben ihr verdankt man es, daß jährlich mehr und mehr die niederrheinischen Blätter, denen aus andern Ländern, wo diese schon längst gut gepüppelt und sortirt werden, an Werth gleich kommen.

Was die jährliche Pflanzung zur Ausfuhr betrifft, so erzeugt sie, wie gesagt, sieben bis achtmalhunderttausend Kilogrammes, die die Handelsleute vom 15ten November an, kaufen, und aus möglichst genauer Erkundigung geht hervor, daß der jährliche Mittelpreis dieses Tabaks auf 40 bis 45 Fr. vom 100 Kilogr. ist, das heißt, auf drei bis viermalhunderttausend Franken für den gesammten Werth einer Erndte geschätzt werden kann.

Da die Sortirung und Püppelung des Ausfuhr-Tabaks nicht gefordert wird, so ist die Bereitung den Ackersleuten völlig frei gelassen, die nur ihren Tabak, bevor sie ihn an die Kaufleute liefern, oder unmittelbar ausführen, in das Regie-Magazin bringen müssen, damit er dort, dem Gesetz gemäß, anerkannt, gewogen, gebunden und plumbirt werde; allein, laut Aussage von Personen die sich besonders mit diesem Handelszweige beschäftigen, könnten die Pflanzer ihren Gewinn namhaft vermehren, wenn,

pent spécialement de cette branche de l'industrie agricole, les planteurs parviendraient à augmenter leurs bénéfices dans une notable proportion, si, au lieu de livrer leurs tabacs à l'exportation en chapelets, tels qu'ils les ont formés au moment de la récolte, chapelets dont ils composent des bottes, sans triage le plus souvent, et même sans aucune manipulation propre à les débarrasser de la poussière qui, dans les séchoirs, s'amasse sur les feuilles, ils les disposaient en manoques, convenablement assorties, selon la longueur et la couleur de ces feuilles; il y aurait plus de certitude dans l'appréciation d'une récolte ainsi préparée, et l'avantage serait infailliblement pour le vendeur, dont les intérêts peuvent être plus ou moins lésés par une estimation en bloc.

Cette préparation par le triage et le manoquage ne présente aucune difficulté; elle est d'autant plus à la portée des planteurs et de leurs familles, qu'ils peuvent y consacrer les journées et les soirées d'hiver, c'est-à-dire le temps pendant lequel la plupart d'entre eux manquent d'autres occupations. C'est pour l'avoir appliquée depuis 1841, comme on le voit par l'écrit de Heidelberg, que les cultivateurs du Palatinat ont obtenu progressivement, pour leurs tabacs, une valeur presque double de celle qui leur était précédemment assignée.

Il y aurait donc là un bon exemple à suivre dans le Bas-Rhin; c'est principalement en vue du bien qui peut résulter pour ce département, du perfectionnement que nous venons d'indiquer et de l'emploi des meilleures méthodes de culture, que nous publions le mémoire qui nous a été communiqué.

Nous ne terminerons pas ces réflexions préliminaires, sans rappeler que des arrêtés de l'Autorité départementale assurent des primes assez fortes en

anstatt ihren Tabak in Schnüren, an die die Blätter bei
der Erndte angefaßt wurden, und die sie über Wellen bin=
den, zu liefern, ja ohne Sortirung, ohne sie auch nur
vom Staube zu befreien, der sich in den Hängen angesetzt
hat, sie dieselben nach Länge und Farbe der Blätter gut
sortirt püppeln würden. Man könnte den Werth einer
so behandelten Erndte richtiger abschätzen und dieß würde
ohnfehlbar zum Vortheile des Verkäufers gereichen, dessen
Interesse durch eine Gesammtschätzung mehr oder weniger
verletzt werden könnte.

Solche Sortirung und Püppelung bietet durchaus keine
Schwierigkeiten dar; sie ist den Pflanzern und deren Fa=
milien eine um so genehmere Beschäftigung, da sie in den
Wintertagen oder Winterabenden, das heißt in der Zeit
da die meisten unter ihnen keine Arbeit haben, Statt haben
kann. Die Pfälzer Tabakpflanzer haben dadurch, nach
und nach, wie es aus der Heidelberger Schrift von 1841
zu sehen ist, den Werth ihres Tabaks fast aufs Doppelte
gebracht.

Dieses gute Beispiel wäre demnach im Niederrhein zu
befolgen, und eben wegen dem Nutzen der für das De=
partement daraus entstehen kann, wegen der angedeuteten
Verbesserung, wegen der Anwendung besserer Bau=
Methoden, machen wir hiemit die uns mitgetheilte Denk=
schrift bekannt.

Wir wollen diese Vorbemerkungen nicht schließen, ohne
zu erinnern, daß Beschlüsse der Departements=Behörde,
ziemlich starke Geldprämien (ohngefähr das Drittheil der
erforderlichen Ausgaben) denjenigen Ackersleuten zusichern,

argent (le tiers à peu près de la dépense nécessaire) à ceux des cultivateurs qui, après une demande agréée, font construire des séchoirs à tabac, en se conformant aux modèles donnés, et qu'un des moyens les plus efficaces d'obtenir des produits de bonne qualité dans ce pays où les froids sont précoces et les brouillards très-fréquents, consiste à les garantir des intempéries, en les plaçant avec soin, pour la dessiccation, dans des locaux convenablement exposés et aérés.

welche, auf genehmigtes Gesuch, Tabaks-Hängen gemäß
dem gegebenen Muster bauen lassen, und was eines der
wirksamsten Mittel ist, um in diesem Lande, wo frühe
Kälte und häufiger Nebel vorkommen, gute Waare zu
erzeugen, welches darin besteht, daß man letztere vor
ungünstiger Witterung bewahrt, indem man sie in wohl-
gelegenen, wohlgelüfteten Localen trocknet.

CULTURE.

Du climat et de la nature du sol sous le rapport de la culture du tabac.

La nature a besoin d'un long espace de temps pour préparer un sol propre à la production des plantes qui atteignent une grande hauteur ; en effet, des siècles, des milliers d'années même se sont probablement écoulés jusqu'à ce qu'une couche de terre végétale, profonde de 15 pieds, et qui nourrit aujourd'hui des platanes et des tulipiers de la plus énorme grosseur, se soit formée sur les rives de l'Ohio, dans l'Amérique du Nord. Donc, si l'homme veut voir accomplir, dans la courte période de sa vie, ce que la nature, plus simple, ne produit que dans des temps beaucoup plus longs, il ne doit reculer ni devant les obstacles, ni devant les dépenses pour arriver à son but ; il faut qu'il travaille la terre et cherche à lui procurer les sucs nourriciers sous les formes les plus diverses, afin que les plantes qu'il se propose de cultiver atteignent, par une croissance vigoureuse, le développement le plus complet. Le but de cet ouvrage est de démontrer comment un semblable résultat peut être obtenu dans la culture du tabac.[1]

---

1. Cet ouvrage, destiné exclusivement aux cultivateurs du Palatinat, contient des observations qui ne sont pas toutes applicables au Bas-Rhin, bien que le sol et la situation géographique des deux pays offrent beaucoup de similitude.

Les observations de cette nature feront chaque fois l'objet d'une note, et des explications seront également données dans la même forme sur les circonstances relatives à la culture du Bas-Rhin qui ne seraient pas mentionnées dans l'ouvrage traduit.

Kultur.

Vom Klima und der Beschaffenheit des Bodens hinsichtlich des Tabakbaues.

Um den Boden zum Standorte der Pflanzen höherer Gattungen zuzubereiten, bedarf die Natur einer geraumen Zeit; denn Jahrhunderte, vielleicht Jahrtausende mögen verflossen seyn, bis sich am Ohio in Nordamerika eine 15 Fuß tiefe Schichte von Dammerde gebildet hatte, in welcher jetzt Platanen und Tulpenbäume vom ungeheuersten Umfange ernährt werden. Der Mensch darf daher, wenn er in dem kurzen Zeitraume seines Lebens das vollendet sehen will, was die einfachere Natur nur in längerer Zeit bewirkt, weder Aufwand noch Mühe scheuen, um seinen Zweck zu erreichen, d. h. er muß die Erde bearbeiten und ihr die nöthigen Nahrungstheile auf die mannigfaltigste Weise zuzuführen suchen, wenn die Pflanzen, die er erziehen will, freudig heranwachsen und die möglichst größte Vollkommenheit erreichen sollen. Auf welche Weise dieser Zweck bei dem Tabakbau erreicht werden kann, soll nun hier gezeigt werden.[1]

---

[1]. Diese Schrift, welche ausschließlich für Pfälzer Ackersleute bestimmt ist, enthält manche Bemerkungen, die nicht gerade im Niederrhein anwendbar sind, wiewohl der Boden und die geographische Lage beider Gegenden viele Aehnlichkeit mit einander haben.

Ueber Bemerkungen dieser Art wird jedes Mal eine Note beigefügt; Erklärungen in der nämlichen Form, über diejenigen Gegenstände des niederrheinischen Tabakbaus, welche in der pfälzischen Schrift nicht sind erwähnt werden, werden jedes Mal gegeben werden.

Les zônes pour la culture du tabac sont généralement les mêmes que pour la culture des céréales, et l'on admet que le tabac réussit sous tout climat où le froment d'hiver atteint sa maturité dans les dix premiers jours d'août. Cette plante est cultivée dans presque tous les pays chauds et dans l'Allemagne du Nord jusque vers le 5o.ᵉ degré.

Le sol a, soit sur la quantité des produits, soit sur leur qualité, une telle influence, qu'il est difficile de désigner d'une manière absolue celui qui est le meilleur et le plus propre à la culture du tabac. Cependant l'expérience a démontré, jusqu'à présent, qu'un sol meuble, sablonneux, chaud, riche en humus et dont l'argile forme la base, est celui qui mérite la préférence. Un terrain fort donne, dans les années moyennes, ni trop sèches, ni trop pluvieuses, et avec une fumure abondante, des tabacs remarquables par leur beauté et par leur quantité ; sur un terrain sec, léger et sablonneux, la récolte n'est, au contraire, productive que par une température humide ; les terres basses et marécageuses sont tout à fait impropres à la culture du tabac.[1]

---

1. Les terres arables des communes où l'on cultive du tabac sont généralement composées de trois éléments principaux ; savoir : d'argile, de sable et de chaux, qui sont mêlés avec une certaine quantité de terreau (humus) provenant de la décomposition de matières animales et végétales, mais principalement de fumier ; c'est la proportion plus ou moins forte de terreau qui rend le sol plus ou moins meuble et fertile.

Suivant que l'un de ces éléments principaux prédomine, la terre est appelée argileuse, sablonneuse ou calcaire.

Il n'est guère possible de préciser pour chaque commune en particulier la nature du sol, parce que très-souvent les proportions dans lesquelles entrent les trois éléments constitutifs varient essentiellement d'un canton à l'autre, et quelquefois même d'une pièce à la pièce voisine.

Cependant les terres de la première sorte (argileuses) occupent généralement la plaine depuis la rivière d'Ill jusqu'aux pieds des pre-

Die Grenzen des Tabakbaues lassen sich im Allgemeinen nach jenen des Getreidebaues bestimmen, wenn man annimmt, daß der Tabak in jedem Klima gedeihe, wo der Winterweizen im ersten Dritttheile des Augusts reif wird. Man findet ihn in wärmeren Ländern fast allenthalben und im nördlichen Deutschland etwa bis zum 50sten Grad angebaut.

Da der Boden nicht allein auf Quantität, sondern auch auf Qualität der ihm anvertrauten Gewächse einen so bedeutenden Einfluß hat, so ist es nicht leicht, ganz allgemein den besten Boden für den Tabakbau anzugeben. Nach den bisherigen Erfahrungen scheint ein sandiger, humoser, milder und warmer Lehmboden am zuträglichsten. In schwerem Boden erzielt man bei starker Düngung in mittleren Jahren, die weder allzu trocken, noch allzu naß sind, vielen und schönen Tabak. Trockener leichter Sandboden liefert nur bei reichlicher Düngung und in feuchten Jahren belohnende Erndten. Feuchter Moorboden taugt gar nichts.[1]

---

1. Das Ackerfeld derjenigen Gemeinden, wo Tabak gebaut wird, besteht allenthalben aus drei Haupturstoffen : nämlich, Thon (Lehm), Sand und Kalk, vermischt mit einer gewissen Quantität Faulerde, bestehend aus einer Auflösung von Thier= und Pflanzenreichstoffen, hauptsächlich aber aus Dünger; nach Maßgabe der Faulerde, ist der Boden mehr oder weniger locker und fruchtbar.

Je nachdem der eine oder andere dieser Hauptbestandtheile vorherrscht, heißt der Boden Thon=, Sand= oder Kalkboden.

Es ist nicht leicht möglich, für jede Gemeinde insbesondere die Beschaffenheit des Bodens genau anzugeben, weil sehr oft das Verhältniß der drei Urstoffe zu einander, von einer Gewand zur andern, ja bisweilen von einem Grundstück zum nächstgelegenen, völlig wechselt.

Doch ist der Thonboden (lehmartig) herrschend in der Ebene,

On reconnaît généralement qu'un sol franc et léger fournit des tabacs à fumer, et qu'une terre forte donne des produits plus propres à la fabrication des tabacs en poudre. C'est donc sur la nature du sol que le planteur doit régler l'espèce de produit qu'il se propose de cultiver.[1]

Après la nature du sol (sa composition), il convient de prendre en considération le fond sur lequel il repose; car l'influence du sous-sol est telle qu'elle annulle l'une ou l'autre des conditions qui viennent d'être indiquées. En effet, il résulte d'observations faites, dans le Palatinat, que l'on produit, par exemple, sur un sol argileux, reposant sur une couche de gravier, des feuilles pour la pipe, supérieures par leur arôme et leur qualité.

Des terres nouvellement défrichées, des champs de luzerne retournés, conviennent particulièrement à la culture du tabac[2]; mais les terres écobuées doivent

miers coteaux de la chaîne des Vosges, coteaux qui sont, à l'exception de quelques-uns, de nature calcaire.

Les communes situées sur les rives de la Bruche ont un sol qui renferme une moins forte proportion d'argile; le sable y domine, mêlé avec une très-grande quantité d'humus, ce qui lui donne une grande fertilité pour la production des tabacs.

Les terres de la contrée située entre la rivière d'Ill et le Rhin sont, sur les bords du Rhin, graveleuses et sablonneuses ou en partie limoneuses; sur les bords de l'Ill, elles sont argileuses avec un mélange de gravier ou quelquefois de tourbe, compactes et difficiles à travailler.

1. Les tabacs que la régie demande chaque année au département du Bas-Rhin, sont destinés exclusivement à la fabrication du tabac à fumer. La presque-totalité des feuilles exportées à l'étranger par le commerce, a la même destination.

Nous n'aurons donc à nous occuper dans les notes sur l'ouvrage publié que de l'espèce de tabac particulièrement propre à la fabrication des cigares, rôles et scaferlaty, espèce dont la production doit être l'objet de tous les soins des planteurs du département.

2. Les terres nouvellement défrichées dans le Bas-Rhin sont bien rarement propres, dès la première année, à la culture du tabac; ces terres sont ordinairement trop neuves et n'ont pas encore été rendues assez meubles par la culture ou par l'action décomposante de l'atmosphère.

Im Allgemeinen ist bekannt, daß milderer Boden Pfei=
fengut (den zum Rauchen tauglichen) und schwererer
Boden Karottengut (Schnupftabak) liefern. Der Ta=
baksproduzent möge sich also hiernach bei der zu kultivi=
renden Sorte richten[1]. Nächst dem Mischungsverhältniß
des Bodens selbst ist auch dessen Unterlage zu berück=
sichtigen; denn diese Unterlage hat solchen Einfluß, daß
sie eine oder die andere der eben angegebenen Regeln auf=
hebt; denn nach Beobachtungen, besonders in der Pfalz,
wird z. B. auf einem thonigen, auf Kieslager ruhenden
Boden ein an Geruch und Farbe vorzüglicher Rauch=
tabak produzirt. Ganz besonders eignen sich für den Ta=
bakbau Neubrüche, alte Luzernfelder[2], vorzüglich aber

---

zwischen dem Jllfluß und den ersten Wasgau=Hügeln, welche Hügel
mit einigen Ausnahmen kalkartig sind.

Die Gemeinden an der Breusch haben einen Boden der weniger
Thon (Lehm) enthält; der Sand aber nebst vieler Faulerde findet
sich dort vorherrschend, was ihn sehr fruchtbar macht für den
Tabakbau.

Der Boden zwischen Jll und Rhein ist, am Rheinufer, kiesicht
und sandig, zum Theil mit Schlamm vermischt; am Jllufer,
thonicht, mit einer Mischung von Kies oder zuweilen Torf. Die
letzteren sind größtentheils zähe und schwer zu bearbeiten.

1. Der Tabak welchen die Regie jedes Jahr an das niederrhei=
nische Departement begehrt, ist ausschließlich zur Verfertigung
des Rauchtabaks bestimmt. Beinahe alle durch den Handel aus=
geführte Blätter haben die nämliche Bestimmung.

Wir haben uns also, in den Noten über besagte Schrift, blos
mit demjenigen Tabak zu befassen, welcher zur Verfertigung von
Cigarren, Rollen und Rauchtabak allein geeignet ist, welche
Sorten ganz besondere Sorgfalt von Seiten der Pflanzer dieses
Departements erfordern.

2. Im Niederrhein ist der frisch urbar gemachte Boden selten
im ersten Jahr schon zum Tabakbau geeignet. Solcher Boden ist
gewöhnlich zu neu, und nicht genug aufgelockert durch den An=
bau oder die zersetzende Kraft der Atmosphäre.

Die Vegetation des Tabaks, anfangs sehr kräftig, hört auf zu

être préférées à toutes les autres[1]. Toutefois, comme ces terres, et surtout les dernières, se rencontrent rarement dans les pays cultivés, et encore moins dans une même exploitation agricole, il est nécessaire que le tabac, succédant dans l'assolement aux céréales, reçoive une fumure, et son produit, comme celui des autres plantes, dépendra de la nature et de l'abondance des engrais.

De l'influence des diverses sortes d'engrais sur la qualité et la quantité du tabac.

L'opinion émise par quelques agronomes, que la bonne qualité du tabac se trouve dans une proportion inverse de la quantité d'engrais frais employés dans sa culture, fait l'objet de doutes, puisque l'on manque encore trop d'essais comparatifs faits dans ce but.[2]

La végétation du tabac, qui y est d'abord très-vigoureuse, s'arrête lorsque la plante est arrivée à la hauteur de l'écimage; les feuilles présentent des taches jaunes sur les bords et ne tardent pas à se dessécher.

Les champs de luzerne donnent, après avoir été retournés, un tabac dont la végétation est vigoureuse et le développement très-grand; mais la maturité est tardive, les feuilles jaunissent difficilement et sont, en général, trop corsées pour le tabac à fumer.

1. L'opération de l'écobuage consiste à labourer des terres gazonnées, à faire sécher les gazons que l'on dispose à cet effet en petits tas aérés, et à les brûler comme on brûle le bois pour fabriquer le charbon. Les cendres et la terre calcinée qui reste après que le feu est éteint sont répandus sur la surface du champ.

L'écobuage est connu depuis longtemps dans les montagnes; on a commencé à le pratiquer il y a une quinzaine d'années dans le Rieth, où l'emploi de ce moyen de fertilisation s'étend d'année en année, et donne des résultats très-satisfaisants sur les terres marécageuses après qu'elles ont été desséchées à l'aide de fossés plus ou moins profonds.

2. Lorsque le fumier est conduit frais sur le champ peu de temps avant la plantation, il n'a pas le temps de se décomposer si la température est sèche, et par conséquent il n'agit pas assez sur la végétation. Il a d'ailleurs l'inconvénient de rendre le sol trop poreux, ce qui fait périr beaucoup de pieds de tabac.

gebrannter Boden'. Da nun solche Felder, und vor allem gebranntes Land, in kultivirteren Gegenden nicht immer und in einer und derselben Wirthschaft nur selten vorhanden sind, so muß der Tabak im Fruchtwechsel immer gedüngt werden; wo dann sein Ertrag, so wie jener der übrigen Pflanzenkulturen bei gleichen übrigen Umständen, von der Beschaffenheit und Menge des Düngers abhängt.

Vom Einfluß der verschiedenen Dünger-Arten auf die Güte und das Quantum des Tabaks.

Daß übrigens die Güte des Tabaks zu der Menge des zu seiner Kultur verwendeten frischen Düngers im umgekehrten Verhältniß stehe, wie einige meinen, läßt sich nicht mit Gewißheit behaupten, da es noch zu sehr an vergleichenden Versuchen fehlt. ²

---

treiben, wenn die Pflanze die Höhe zum Köpfen erreicht hat. Die Blätter bekommen gelbe Flecken am Rand und werden bald dürr.

Die umgeackerten Luzernfelder geben einen Tabak von kräftigem Wuchs, bringen große Blätter, die aber spät reifen, nicht leicht gelb werden, und überhaupt zu stark sind, als daß sie zu Rauchtabak dienen könnten.

1. Das Abschälen und Verbrennen besteht darin, daß man den Rasenboden umackert, die Rasen in wohlgelüftete Häufchen legt, und verbrennt, wie Holz aus dem man Kohlen machen will. Die Asche und gebrannte Erde, welche nach gelöschtem Feuer bleiben, wird auf den Acker gestreut.

Das Wasen-Abschälen und Verbrennen ist längst schon im Gebirg bekannt; man hat es vor ohngefähr fünfzehn Jahren im Rieth angefangen, wo dasselbe fruchtbar machende Mittel sich von Jahr zu Jahr mehr verbreitet, und auf Morboden, der mittelst mehr oder weniger tiefer Gräben trocken gelegt wird, sehr befriedigende Ernten gibt.

2. Wird der Dünger kurz vor der Anpflanzung auf das Feld geführt, so hat derselbe, bei trockener Witterung, nicht Zeit sich aufzulösen, und wirkt folglich nicht genug auf die Vegetation. Uebrigens hat er den Nachtheil daß er den Boden zu löcherig macht, wodurch viele Tabakstöcke zu Grunde gehen.

Cependant, le choix des matières que l'on emploie comme engrais, n'est nullement indifférent sous le rapport de la qualité des produits; car, d'après *Hermbstædt*, les terres fumées avec des feuilles décomposées, donnent le feuillage le plus beau et ayant le meilleur parfum pour les tabacs destinés à la fabrication du scaferlati. [1]

Les champs amendés avec de l'urine d'hommes, de chevaux ou de bêtes à corne, préalablement putréfiée, rendent un tabac à fumer, qui se fait remarquer d'une manière avantageuse par son arôme particulier et agréable ; ce que l'on doit peut-être attribuer à l'acide benzoïque que contient l'urine. Immédiatement après viennent la fiente de poules et de pigeons et le fumier de vaches.

Le fumier de moutons est préférable à toutes les autres espèces d'engrais pour la culture du tabac destiné à la fabrication du tabac à priser; le sang des animaux pourrait être mis sur la même ligne ; puis suivent la laine, le poil, les os, le cuir, la corne, etc. [2];

---

1. L'observation de Hermbstædt est applicable à tous les engrais provenant de matières végétales, parce qu'elles donnent par leur décomposition l'humus le plus riche et en plus grande quantité. Ces engrais agissent instantanément sur la végétation, mais leur action est de peu de durée.

Dans les environs de Nuremberg les planteurs sèment souvent à la fin de l'été, sur les terres destinées à recevoir des plantes de tabac l'année suivante, un mélange de seigle, de sarrasin, de trèfle, de vesce, etc. Lorsqu'en automne le tout est parvenu à une certaine hauteur, il est enfoui à l'aide de la charrue; on obtient ainsi un tabac fin et d'un excellent arôme. Cette manière de fumer ne pourrait-elle pas être employée dans le Bas-Rhin, principalement sur les terres compactes que cette opération aurait pour effet d'ameublir?

2. Toutes les matières qui viennent d'être énumérées contribuent généralement à produire un tabac corsé, fort, et par la vigueur de végétation qu'elles procurent, elles retardent de plusieurs jours sa maturité. Ces matières ne devraient donc être employées dans les fumures que dans une certaine proportion (un tiers, tout au plus la moitié), et alors les cultivateurs devraient avoir soin de planter de bonne heure, afin de pouvoir obtenir une bonne maturité des feuilles.

Keineswegs ist es aber gleichgültig in Bezug auf Qualität des zu erzielenden Produktes, welchen Dungmaterials man sich bediente; denn nach Hermbstädt liefert
der mit verfaulten Blättern gedüngte Tabak das schönste
und am besten riechende zu Rauchtabak bestimmte Blatt.[1]

Mit faulem Menschenharn, mit Harn von Pferden
und Rindvieh, sowohl allein als mit Dünger gemischt,
gedüngte Felder liefern einen Rauchtabak, der sich sowohl
durch Milde des Geschmacks als auch durch einen be-
sondern Wohlgeruch überaus vortheilhaft auszeichnet:
woran vielleicht der Benzoesäure-Gehalt des Harns Ursache seyn mag. Hiernächst folgt Hühner- und Taubenmist, endlich Kuhmist.

Zu Schnupftabak ist fetter Schafmist allen andern Dung-
arten vorzuziehen; Blut mag ihm vielleicht gleichkommen,
dann folgen Wolle, Haare, Knochen, Leder, Horn u.
s. f.[2]; ferner Menschenkoth und Pferdemist mit Spreu;

---

1. Hermbstädt's Bemerkung gilt von jedem Dünger aus dem
Pflanzenreich; denn eben dieser gibt durch seine Auflösung die
reichste und meiste Dammerde. Dieser Dünger wirkt auf den Wuchs
augenblicklich aber nur kurze Zeit.

In der Gegend von Nürnberg besäet man öfters zu Ende des
Sommers diejenigen Grundstücke, welche im folgenden Jahre mit
Tabak angepflanzt werden sollen, mit einer Mischung von Roggen,
Buchweizen (Haidekorn), Klee, Wick, u. s. w. Ist dieß Alles im
Spätjahr auf eine gewisse Höhe herangewachsen, so wird es um-
gepflügt; auf diese Weise erhält man einen feinen, sehr wohl-
riechenden Tabak. Könnte nicht diese Düng-Art im Niederrhein
angewandt werden, vorzüglich für festen und schweren Boden,
den solches Verfahren auflockern würde?

2. Alle die so eben angezeigten Düng-Arten tragen überhaupt
dazu bei, einen zu satten und schweren, starken Tabak hervorzu-
bringen, und durch den kräftigen Wuchs den sie bewirken, ver-
spätigen sie um einige Tage die Reife. Diese Dünger sollten demnach
für die Düngung nur in gewissem Verhältniß angewandt werden
(ein Drittheil, höchstens die Hälfte), und alsdann sollten die
Ackersleute besorgt seyn, bei Zeiten zu pflanzen, um recht reife
Blätter zu erlangen.

après la matière fécale et le fumier de cheval mêlé avec des balles de blé ; le fumier de porc produit un feuillage qui n'est propre qu'à la fabrication de tabacs pour la poudre de basse qualité.

L'influence qu'exercent les diverses sortes d'engrais permettent, pour ainsi dire, au cultivateur de forcer une terre peu propice à la culture du tabac, à fournir des produits avantageux et, si même des graines d'espèces reconnues les plus propres à donner des tabacs pour la poudre ou pour le scaferlati, n'étaient pas à sa disposition, il peut encore, par un choix fait avec discernement des matières employées pour engrais, obtenir de la même espèce, des feuilles plus convenables à l'un ou l'autre genre de fabrication. [1]

Semis ; choix d'un emplacement ; formation de la couche ; germination de la graine ; semailles, soins à donner.

Le tabac, plante méridionale, ayant besoin, pour arriver à sa perfection, d'un temps assez long, depuis la germination jusqu'à la maturité des feuilles, le cultivateur doit faire les dispositions nécessaires pour avoir sous la main des plantes déjà arrivées à un certain développement, lorsque commence, sous notre climat, la température favorable à sa végétation en pleine campagne.

---

1. La traduction de la partie de l'ouvrage qui donne la nomenclature des espèces, et dans laquelle l'auteur indique quelles sont celles qui sont propres à l'un ou l'autre genre de fabrication, ne sera publié que l'année prochaine. Il ne saurait toutefois être assez recommandé aux cultivateurs de chercher à se procurer les espèces les moins aqueuses et, dès lors, susceptibles d'arriver à une prompte maturité, condition essentielle dans notre climat exposé à des gelées précoces.

Schweinemist gibt ein Blatt, das nur zu geringem Schnupftabak tauglich ist.

Durch diese so sehr verschiedenen Wirkungen der verschiedenen Düngerarten wird es dem Landwirth einigermaßen in die Hand gegeben, durch geeignete Wahl seines Düngers auch einen dem Tabake weniger günstigen Boden zu einigem Ertrage zu zwingen, oder, im Falle ihm die zu der einen oder der andern Fabrikation anerkannt besten Sorten zur Aussaat nicht zu Gebote stehen sollten, doch von einer und derselben Pflanze ein Produkt zu erhalten, welches, je nach der Anwendung des einen oder des andern Dungmaterials bald mehr zu Schnupftabak, bald mehr zu Rauchtabak geeignet wird.[1]

Saat; Wahl einer Stelle; Bildung der Kutsche; Keimen des Samenkorns; Säen; Pflege.

Da man — weil der Tabak als südliche Pflanze zu seiner vollkommenen Ausbildung vom Keime bis zur Reise der Blätter längere Zeit der Wärme bedarf — darauf bedacht seyn muß, den Tabak schon zu einem gewissen Grade herangebildet zu haben, wenn die für ihn günstige Vegetationszeit unseres Klimas im Freien beginnt.

Um dieses Resultat zu erhalten, fertigt man zum Behufe der Aussaat entweder Mistbeete, oder man bereitet

---

[1] Die Uebersetzung desjenigen Theils der Schrift, welcher das Verzeichniß der Arten angibt, und worin der Verfasser diejenigen anzeigt, welche zu der einen oder zu der andern Fabrikationsweise taugen, erscheint erst nächstes Jahr. Doch kann den Pflanzern nicht genug empfohlen werden, sich solche Gattungen zu verschaffen, die am wenigsten Wasserstoff enthalten, und folglich bald reisen können, was unumgänglich nothwendig ist in unserm den Frösten früh ausgesetzten Clima.

Pour obtenir ce résultat on établit des couches, ou bien l'on prépare dans les jardins des plates-bandes qui, par leur assiette bien abritée et exposée, la plus grande partie du jour, aux rayons du soleil, sont propres à cet usage; cependant, les semailles faites dans les jardins ne peuvent être recommandées que pour l'espèce *nicotiana rustica*. La réussite des autres espèces y est incertaine.

On a aussi essayé l'emploi de couches vitrées ; mais on a remarqué, que les plantes obtenues étaient trop délicates, et que, par suite, leur végétation ne prenait jamais un essor vigoureux. Après tout, le meilleur moyen est d'établir des couches découvertes d'après le procédé suivant :

On dresse, soit dans la cour, soit dans le jardin, à un pied (33 centimètres) au-dessus du sol et dans une place bien abritée, un fond de planches ou de bûches, reposant sur des perches et des pierres, fond large, ordinairement de 5 pieds ($1^m,65^c$), et dont le bord est encadré avec d'autres planches. On couvre ce fond avec du fumier frais, mélangé de paille, et disposé à une hauteur de quelques pouces (10 à 15), l'on y répand ensuite une couche de 5 à 6 pouces (14 à 16 centimètres) de terre de jardin, ou plutôt de terreau meuble passé au crible et quelque peu sablonneux. [1]

Lorsque ce terreau s'est un peu tassé, on y répand la graine ; ce qui a lieu ordinairement dans les derniers jours du mois de mars.

La graine est semée le plus clair possible, ensuite couverte légèrement de terre recueillie dans des saules creux, que l'on passe au crible ; quelques

---

1. Les couches sont presque toutes établies dans le Bas-Rhin d'après ce procédé ; seulement elles sont placées sur le sol.

ein Gartenbeet, welches sich durch geschützte und den größten Theil des Tages der Sonne ausgesetzte Lage dazu eignet — doch möchte dieß nur bei der Nicotiana rustica anzurathen seyn; für die anderen Species ist es unsicher.

Man hat auch schon mehrmals versucht die Pflanzen unter Glas in Mistbeeten heran zu ziehen — doch hier hat man gefunden, daß dieselben dadurch zu sehr verzärtelt wurden und deßhalb auf dem Felde kein rechtes Wachsthum zeigen wollten — oder endlich, welches wohl das beste ist, man errichtet offene Kutschen auf folgende Art:

Einen Schuh hoch über der Erde an einem geschützten Orte in dem Hofe oder in dem Garten, auf Stangen, die auf Steinen ruhen, wird ein Boden von Brettern oder auch von Scheitholz, gewöhnlich 5 Fuß (1 Meter 65 Centimeter) breit, angelegt, und dessen Rand mit aufrechtstehenden Brettern eingefaßt. Den Boden des Beetes belegt man einige Zoll hoch mit frischem strohigem Dünger, worüber eine Schichte von 5 — 6 Zoll (14 — 16 Centimeter) feiner durchgesiebter etwas sandiger Mistbeet- oder Garten=Erde geworfen wird.[1]

Auf diese Erde nun wird, wenn sie sich etwas gesetzt hat, der Same gegen Ende des Monats März aufgestreut.

Dieser Same wird gewöhnlich sehr dünn gestreut, und dann leicht mit feiner Holzerde übersiebt oder ganz leicht mit dem Rechen eingehackt, oder auch durch Uebersprißen mit Wasser eingeschlemmt. In der Pfalz wird der über=

---

1. Die Tabaks=Kutschen sind beinahe alle, im Niederrhein, nach diesem Verfahren geordnet, nur sind dieselbe unmittelbar auf dem Boden angelegt.

cultivateurs emploient un rateau de bois ; d'autres arrosent la couche pour recouvrir la graine. Dans le Palatinat, on mêle souvent à la terre destinée à cet usage, des germes de drèche, afin de la rendre plus meuble et plus légère.

On a besoin d'une couche d'environ 4 mètres carrés, et de cinq cuillerées ordinaires de graines pour fournir les replants nécessaires à la culture d'un arpent badois (environ 42 à 44 ares et 13,000 plantes). Quelques jours après les semailles, un cultivateur prudent répand, de nouveau et en petite quantité, de la graine sur la couche, afin que, si quelque accident avait endommagé la première semence, le dégât soit réparé par la seconde.

Les procédés employés pour la germination de la graine de tabac, sont les mêmes que pour celle de toutes les autres espèces de plantes.

Lorsque le printemps est précoce et favorable, la germination artificielle est avantageuse, puisqu'elle accélère la venue des plantes ; lorsqu'il est, au contraire, défavorable, il vaut mieux ne pas avoir recours à ce procédé pour faire sortir les germes qui succomberaient, dans ce cas, sous l'influence nuisible de l'atmosphère. En général, les moyens artificiels ne sont pas à conseiller, puisque la graine lève facilement sans y avoir recours.[1]

Suivant les règles, on couvre la couche de paille et de branchages, que l'on tient constamment humides jusqu'à la levée de la graine[2] ; aussitôt que les plan-

---

1. Beaucoup de planteurs dans le Bas-Rhin, en établissant leurs couches, sèment une partie de graine germée et une partie qui ne l'a pas été ; ils préviennent ainsi l'inconvénient signalé par l'auteur en ce qui concerne l'emploi exclusif de la graine germée.

2. Les paillassons que chaque cultivateur peut confectionner pendant l'hiver sont bien préférables à la paille et aux branchages. Ces

worfene Grund oft mit Malzkeimen gemengt, um ihn zu lockern.

Um für einen badischen Morgen Feld (ungefähr 42 — 44 Ares, und 13,000 Pflanzen) die nöthigen Pflanzen zu erziehen, braucht man etwa 1 □° (4 Quadratmeter) Land und fünf Eßlöffel voll Samen. Wer vorsichtig handeln will, streut einige Tage nach der Aussaat wieder etwas Samen über das Beet, damit, wenn durch irgend einen Unfall die erste Saat gelitten hätte, dieser Schaden durch die Nachsaat ersetzt werde.

Mit dem Einweichen der Samen verhält es sich wie mit dem Einweichen fast aller anderen Sämereien:

Bei günstig eintretendem Frühjahre ist es vortheilhaft, weil dann die Pflanzen gleich da sind; wogegen es bei ungünstiger Witterung besser ist, die Keime nicht mit Gewalt hervorzutreiben, weil sie sonst gar leicht den schäd= lichen Einflüssen des Wetters erliegen; im Allgemeinen ist es daher nicht rathsam, da ja der Same auch ohne Einweichen gut und gerne aufgeht.

In der Regel bedeckt man die Erde bis zum Keimen mit Stroh oder Reisern, welche stets feucht gehalten werden [2]. Sobald sich die Pflänzchen zeigen, wird die Bedeckung abgenommen und die Erde, besonders bei trockner Witterung, recht oft, und zwar anfangs mit in der Sonne gestandnem Wasser begossen. Später nehme

---

1. Viele Pflanzer des Niederrheins, indem sie ihre Tabak=Kutschen anlegen, säen einen Theil gekeimter Samen und einen Theil un= gekeimter, und verhüten auf diese Weise den durch den Verfasser bezeichneten Nachtheil, der den ausschließlichen Gebrauch des gekeimten Samens betrifft.

2. Die Strohmatten, welche jeder Ackersmann im Winter ver= fertigen kann, sind dem Stroh und dem Reisern weit vorzuziehen.

tules se montrent, la couche est découverte et arrosée souvent, surtout si le temps est sec. Au commencement, on emploie à cet usage de l'eau croupie au soleil; plus tard on se sert d'eau ordinaire, afin de rendre les plantes plus durables.

En cas de gelée, pendant la nuit, on couvre la couche avec de la paille ou des toiles.

Les arrosements répétés sont très-bons; seulement le cultivateur doit avoir soin de les faire assez à temps pour que la couche puisse sécher encore avant le soir, afin que les nuits froides n'occasionnent pas de dégâts.

A mesure que les plantes prennent de l'accroissement, elles demandent, en proportion plus d'eau[1]. L'eau favorise le développement des racines horizontales, qui sont au nombre des principaux agents de production de plantes robustes.

Les couches doivent être purgées avec soin de toute mauvaise herbe. Toutefois, comme les racines sont, malgré toutes les précautions possibles, plus ou moins dégarnies de terre, lorsque l'on arrache ces mauvaises herbes, on répand chaque fois un peu

---

paillassons couvrent mieux le semis, se placent et se déplacent avec plus de facilité le matin et le soir.

M. Ringeissen, de Kogenheim, a, depuis quelque temps, adopté des paillassons mobiles pour couvrir ses couches. Il obtient chaque année des plantes très-précoces et en très-grande quantité. Son exemple a été suivi par d'autres planteurs de sa commune, qui est maintenant une de celles où la transplantation a lieu le plus tôt.

1. On emploie aussi avec avantage, et dans le but d'activer la végétation, de l'eau dans laquelle on a fait dissoudre de la fiente de poule ou de pigeon; on répand aussi cette fiente pulvérisée sur le semis, en ayant soin d'arroser immédiatement.

Dans le cas où la végétation du semis se ralentirait, on fait usage avec succès du sang de bœuf délayé dans de l'eau.

Lorsque les plantes jaunissent par suite d'une trop grande humidité, il convient de répandre sur la couche de la terre contenant beaucoup de parties siliceuses (de la poussière de route par exemple).

man das Wasser wie es ist, um die Pflanzen etwas abzu=
härten.

Sollten sich Nachtfröste einstellen, so müssen die Beete
mit Stroh= oder Tuchdecken gedeckt werden.

Oefteres Begießen ist nun sehr gut, nur muß es so
eingerichtet werden, daß das Land bis Abends wieder
abtrocknen kann, damit die kalten Nächte dann weniger
schaden können.

Werden die Pflanzen größer, so erfordern sie im Ver=
hältniß mehr Wasser', was zur Bildung der Seitenwurzeln
förderlich ist, welche hauptsächlich zum Aufkommen kräf=
tiger Pflanzen dienlich sind.

Diese Samenkutschen müssen sehr rein von Unkraut
gehalten werden; da aber durch das Ausjäten, wenn es
auch mit möglichster Vorsicht geschieht, die Wurzeln zum
Theil von Erde entblößt werden, so ist es gut, nach jedem
Jäten etwas Erde über die Pflanzen zu streuen, damit die
losgerissenen Wurzeln sich leichter wieder befestigen können.

Die Strohmatten bedecken besser die Samenkutschen, und werden
Morgens und Abends leichter ab= und aufgelegt.

Hr. Ringeissen, von Kogenheim, hat seit mehrern Jahren seine
Tabak-Kutschen mit beweglichen Strohmatten versehn; er erhält
jedes Jahr, sehr früh, viele Pflanzen. Sein Beispiel haben andere
Pflanzer dieser Gemeinde befolgt, welche letztere nunmehr eine von
denen ist, wo die Verpflanzung am frühesten Statt hat.

1. Zur Förderung des Wuchses gebraucht man auch mit gutem
Erfolg Wasser worin Hühner= oder Taubenmist aufgelöst worden;
solchen Mist, verpulvert, streut man auf die Saat, und begießt
sie unmittelbar nachher.

Bleibt die Saat im Wachsthum zurück, so gebraucht man mit
gutem Erfolg Ochsenblut mit Wasser vermischt.

Werden die Pflanzen gelb wegen zu viel Feuchtigkeit, so muß
man auf die Tabaks-Kutschen Erde mit viel kiesartigen Theilen
(zum Beispiel, Straßenstaub) streuen.

de terreau sur la couche pour que les racines qui ont été soulevées puissent reprendre.

La même opération doit se répéter toutes les fois que l'on a tiré des plantes de la couche pour le repiquage. Un assez grand nombre de cultivateurs remplacent le terreau par des germes de drèche.

De la transplantation ; temps favorable pour cette opération ; nombre de labours à donner ; distances à laisser entre les plantes.

La transplantation hâtive exerce une grande influence sur la bonne réussite des tabacs, en procurant une maturité plus précoce aux feuilles qui, dans le cas contraire, sont exposées avant la récolte aux gelées blanches. [1]

Les plantes élevées en plein air, étant les seules qui soient durables, l'époque de la transplantation dépend beaucoup de la température du printemps qui, suivant qu'elle a été plus ou moins favorable, fait varier de trois à quatre semaines cette époque ; on peut la fixer, d'après le développement des plantes lorsqu'elles ont de 6 à 8 feuilles, ou 3 à 4 pouces de hauteur (8 à 10 centimètres), à quinze jours avant ou après la Saint-Jean, au plus tard. [2]

---

1. La transplantation précoce est indispensable pour que les tabacs puissent parvenir à une bonne maturité, et être récoltés encore assez à temps pour que la première dessiccation puisse se faire pendant que les rayons du soleil ont encore de la force. C'est seulement ainsi que les planteurs peuvent obtenir ces tabacs jaunes demandés par l'administration. On commence depuis quelques années dans le Bas-Rhin à devancer l'époque adoptée autrefois pour la plantation, et les cultivateurs reconnaissent successivement tous les avantages d'une transplantation précoce.

2. Il est défendu dans le Bas-Rhin de planter après le 25 juin, époque de la S. Jean (art. 19 de l'arrêté réglementaire sur la culture du tabac). Le délai de 15 jours avant le 24 juin est même trop reculé pour le climat et surtout pour le sol du département. Le 10 juin toutes les plantations devraient être achevées.

Dieses Ueberstreuen von Erde (Manche ziehen hier Malzkeime vor) sollte so oft wiederholt werden als Pflanzen zum Versetzen ausgehoben werden.

Von der Versetzung; günstige Witterung für dieselbe; wie viel Mal es nöthig ist zu pflügen; Raum der zwischen den Pflanzen zu lassen ist.

Sehr vielen Einfluß auf das gute Gedeihen des Tabaks hat das frühe Verpflanzen, insofern dadurch eine frühere Reife der Blätter eintritt, welchen im andern Falle die Herbstfröste schaden können.[1]

Da aber die Tabakpflanzen nur unter Einwirkung der freien Luft dauerhaft erzogen werden können, so hängt die Zeit des Verpflanzens am meisten von der Frühlings= witterung ab, welche in manchen Jahren, je nachdem letz= tere günstig oder ungünstig gewesen, einen Zeitunterschied von 3 — 4 Wochen zur Folge haben kann. Und so läßt sich die Zeit des Verpflanzens in das freie Feld, nach= dem die Pflänzlinge die gehörige Stärke erreicht haben, nämlich 6 — 8 Blätter, oder 3 — 4 Zoll (8 — 10 Centi= meter) hoch geworden sind, etwa auf 14 Tage vor bis spätestens 14 Tage nach Johannis festsetzen.[2]

---

1. Das frühe Versetzen ist unumgänglich nothwendig, wenn der Tabak gut reifen und noch zeitig genug geerndtet werden soll, damit das erste Trocknen noch bei kräftigen Sonnenstrahlen ge= schehen könne. Nur auf diese Weise können die Pflanzer den gelben Tabak erzielen, welchen die Verwaltung verlangt. Seit einigen Jahren beginnt man im Niederrhein früher zu pflanzen als zuvor, und die Pflanzer sehen allmählig ein, welche Vortheile eine frühe Versetzung gewährt.

2. Es ist im Niederrhein verboten, nach dem 25sten Juni (Johanniszeit) zu pflanzen (Art. 19 des Reglementar=Beschlusses über den Tabakbau). Die Frist von vierzehn Tagen vor dem 24sten Juni ist sogar zu spät für das Clima und vorzüglich für den Boden des Niederrheins. Am 10ten Juni sollte alles Pflanzen beendigt seyn.

Un temps sec convient davantage pour cette opération, bien que le travail soit augmenté par la nécessité d'arroser ; mais le tabac réussit mieux que s'il
était transplanté par un temps humide. En effet, dans
ce dernier cas, la terre, étant trop foulée par les
ouvriers chargés du repiquage, contrarie l'action bienfaisante des rosées.

Par une température sèche, le cultivateur doit,
de préférence, replanter le matin ou le soir.

Attendre la pluie, est incertain ; car les plantes,
arrivées au développement nécessaire pour le repiquage, ne peuvent rester sur la couche que trois ou
quatre jours sans qu'il n'en résulte du dommage.

Planter par un temps très-chaud et sur un sol
fraîchement labouré, ne peut être que nuisible ; car
le soleil desséchera par trop la terre. Il est bien plus
préférable de n'entreprendre la transplantation que
quelques jours après le dernier labour ; la terre, ainsi
reposée, se tassera et empêchera par là l'action de la
chaleur.[1]

Lorsque tous les préparatifs pour la transplantation sont terminés, on arrose fortement la couche la
veille. Il est plus facile, au moyen de cet arrosement,
de préserver les racines des plantes, que l'on choisit
toujours parmi les plus vigoureuses.

Les places destinées sur les champs à recevoir les
jeunes plantes, doivent être arrosées à peu près un
quart d'heure d'avance avec de l'eau ou de la lizée
mélangée avec de l'eau ; en d'autres termes, on doit
attendre, pour repiquer les plantes, que l'eau se soit
perdue dans le sol.[2]

---

1. Le terrain est assez lourd dans plusieurs parties du Bas-Rhin
pour se tasser immédiatement; si l'on attendait pour planter quelques
jours après le dernier labour, la terre deviendrait trop compacte.
2. Dans le cas où la terre ne serait pas trop désséchée, il vaudrait

Man ziehe es vor, dies Geschäft bei trockenem Wetter vorzunehmen, wenn gleich die Arbeit des dann dabei nöthigen Begießens viele Mühe macht; aber der Tabak gedeiht besser, als jener bei feuchter Witterung ausgesetzte, denn hier wird der Boden zu fest getreten und dadurch die für die Pflanzen so wohlthätige Einwirkung des Thaues vermindert.

Ist die Witterung sehr trocken, so muß man dies Geschäft mehr in den Morgen= und Abendstunden vornehmen.

Auf Regen zu warten ist sehr unsicher, indem die zum Aussetzen reifen Pflanzen nicht lange mehr, höchstens noch 3—4 Tage in den Beeten bleiben können, ohne daß es nachtheilige Folgen für sie bringt.

Ein frisch geackertes und zubereitetes Feld bei heißem Wetter sogleich zu besetzen, kann nur nachtheilig wirken, denn die Sonnenhitze wird den Boden zu sehr austrocknen; weit besser ist es, einige Tage nach dem Pflügen erst das Setzen vorzunehmen. Der Boden hat dann Zeit sich ein wenig zu setzen und somit die zu starke Einwirkung der Hitze zu verhindern.[1]

Ist nun alles so weit zubereitet, so begießt man den Tag vor dem Auspflanzen die Tabakskutsche tüchtig, damit nachher beim Ausziehen, wobei man die stärksten Pflanzen wählt, die Wurzeln leichter geschont werden können.

Die Stellen auf dem Felde, wohin die Pflanzen gesetzt werden sollen, läßt man etwa eine Viertelstunde vorher mit reinem Wasser oder mit Wasser verdünnter Jauche begießen; oder mit andern Worten, man wartet mit dem Einsetzen der Pflanzen so lange, bis das Wasser sich verzogen hat.[2]

---

1. Der Boden ist in mehrern Theilen des Niederrheins so schwer, daß er sich unverzüglich setzt; wenn man mit dem Anpflanzen bis einige Tage nach dem letzten Pflügen wartete, so würde der Boden zu fest.

2. Ist der Boden nicht zu trocken, so thut man weit besser wenn

En plantant, on aura principalement soin de ne blesser, ni meurtrir le replant qui, sans cette précaution, ne manquerait pas de périr promptement; cependant, il doit être affermi : c'est même une des principales conditions à observer lors du repiquage. On peut considérer, comme mal repiqué, tout replant dont on ne peut arracher des parties de feuilles, sans le soulever.

A *Amersfort* (en Hollande), on repique le tabac à plusieurs reprises avant de le mettre en pleine terre : cette opération ainsi exécutée, favorise le développement des racines des replants, dont la reprise est plus certaine et plus prompte, et dont la végétation devient ensuite plus luxuriante.

On admet, comme règle générale, qu'il doit exister une distance d'un pied et demi entre les plantes, et de 2 pieds entre les rangées (50 à 65 centimètres). Ces distances donnent à peu près 13,000 plantes sur un arpent badois (42 à 44 ares).

Cette base est sujette à des modifications diverses, suivant la nature du sol et d'après la destination future des produits, soit qu'ils doivent servir à la fabrication de la poudre, soit qu'ils doivent être employés à celle du scaferlati. Ainsi, en diminuant, par exemple, la distance entre les plantes, on produit

---

infiniment mieux mettre d'abord en terre le replant et verser ensuite l'eau à proximité.

En commençant par arroser la terre où le replant doit être placé, il se forme de la boue, dans laquelle la racine est souvent enfoncée maladroitement; la terre durcit ensuite, forme une motte compacte autour de la racine, et gêne ainsi la croissance; tandis qu'en ne versant l'eau qu'après le repiquage, et en ayant soin de la faire tomber à une petite distance du replant, l'humidité seule pénètre jusqu'aux racines.

Cette méthode est en usage à Weyersheim et dans les environs, où le petit nombre de pieds qui ne réussissent pas prouve en sa faveur.

Bei dem Setzen der jungen Pflanzen hat man nun be=
sonders darauf zu achten, daß man dieselben beim An=
drücken nicht verletze oder quetsche, was baldiges Abwelken
zur Folge hätte: und doch muß jede Pflanze festgedrückt
werden, ja dieses Andrücken ist ein Hauptpunkt bei dem
Verpflanzen des Tabaks. Die Pflanze ist nicht gut gesetzt,
wenn man nicht etwas von ihren Blättern abreißen kann,
ohne daß sie sich rührt.

In Amersfort verpflanzt man den Tabak mehrmals,
ehe man ihn auf das Feld setzt, wodurch ein kräftiger
Wurzelbau erzeugt wird, welcher nachher ein früheres
und sichereres Anwachsen, und hierdurch ein üppigeres
Wachsthum kräftiger Stöcke bedingt.

Im Allgemeinen ist wohl anzunehmen, daß die Pflanzen
unter sich 1½ Fuß und darüber, und die Reihen 2 Fuß
(50 — 65 Centimeter) aus einander zu setzen sind: (Wo=
raus sich ungefähr 13000 Pflanzen auf einen badischen
Morgen (42 — 44 Ares) ergeben.

Diese Norm erleidet nun aber, je nach der Beschaffen=
heit des Bodens und der künftigen Bestimmung des Pro=
duktes zu Rauch= oder zu Schnupftabak, manche Abwei=
chungen, so zwar, daß z. B. durch engeres Aneinander=
setzen der Stöcke feineres und schneller reifendes Pfeifengut

---

man die Pflanze zuerst setzt, und sie alsdann in deren Nähe
begießt.

Begießt man zuerst den Platz auf welchen die Pflanze gesetzt
werden soll, so entsteht Koth, worin die Wurzel öfters ungeschickter
Weise eingesteckt wird; der Boden wird alsdann hart, bildet
ringsum einen Schollen, und hemmt somit das Wachsthum;
begießt man erst nach dem Versetzen und zwar in einiger Ent=
fernung von der Pflanze, so dringt blos die Feuchtigkeit bis zu
den Wurzeln.

Dieses Verfahren ist zu Weyersheim und in der Umgegend ein=
heimisch, und daß dort so wenige Stöcke mißrathen, ist ein Beweis
für dessen Güte.

un feuillage propre au tabac à fumer, plus fin et d'une maturité plus précoce ; il convient, toutefois, d'avoir aussi égard aux espèces ; d'examiner si le pétiole est long ou court et si les feuilles sont sessiles (sans queue).

La nature du sol ne doit pas moins être prise en considération ; car, sur un terrain bien amendé, les plantes ne peuvent pas être aussi resserrées que sur un terrain maigre[1]. Le tabac destiné à la poudre demande, en général, un sol plus gras et une plus grande distance entre les plantes et les rangées.

Il faut également avoir soin de conserver assez d'espace entre les plantes, pour ne pas les endommager, en exécutant les travaux qui surviennent lorsque les feuilles ont atteint toute leur croissance.

Dans quelques contrées on emploie, pour tracer les rangées, un rateau dit rateau à tabac (rayonneur) ; ce rayonneur a trois dents, dont l'une est plus écartée que les deux autres, afin d'obtenir, pour l'une des deux rangées, une distance plus grande ; résultat très-utile pour ménager les plantes pendant les travaux subséquents.[2]

Les rangées sont tirées à angle droit avec les sillons, afin de rendre la terre entièrement meuble par les façons qu'elle doit recevoir plus tard à la houe.

La préparation des terres, en ce qui concerne l'en-

---

1. L'auteur n'a en vue, en faisant cette observation, que le développement plus grand que prennent les tabacs sur un terrain bien amendé et les qualités qu'ils acquièrent pour être employés dans la fabrication du tabac à priser.

Dans le Bas-Rhin les planteurs ne doivent pas oublier que leurs récoltes sont destinées à la fabrication du tabac à fumer.

2. Cette observation sur la manière de planter mérite de fixer particulièrement l'attention des planteurs du Bas-Rhin, où les feuilles de tabac prennent souvent un grand développement. Les cultivateurs se procureraient ainsi beaucoup plus de facilité pour nettoyer leurs plantations et surtout pour récolter leurs feuilles de terre.

erzielt wird, wobei wieder Rücksicht auf die Sorten zu nehmen ist, ob sie lang, kurz oder ungestielt u. s. w. sind.

Eben so muß man die Beschaffenheit des Bodens berücksichtigen, indem auf fettem Boden nie so eng als auf magerem gepflanzt werden darf'; der zum Schnupfen bestimmte Tabak verlangt im Allgemeinen fetteren Boden und größere Entfernung der Reihen wie der Stöcke unter sich.

Auch darauf muß man Acht haben, daß man zu den nachherigen Arbeiten nach Ausbildung des Stockes, Raum genug habe.

In einigen Gegenden bedient man sich des sogenannten Tabakrechens, um die Linien zu ziehen. Ein solcher Rechen hat drei Zähne, deren einer von den beiden anderen etwas weiter absteht, damit immer, je nach zwei Reihen, ein breiterer Raum (Rutschbank) bleibe, was bei den späteren Arbeiten viel zur Schonung der Stöcke beiträgt.²

Die Linien werden im rechten Winkel mit den Pflugfurchen gezogen, damit auf diese Weise beim nachherigen Behacken das Land vollkommen gelockert wird.

Was die Zubereitung des Feldes zur Aufnahme der jungen Tabakpflanzen betrifft, so war vom Dünger, von der chemischen Zubereitung, schon oben die Rede, daher nur noch Folgendes:

---

1. Der Verfasser berücksichtigt bei dieser Bemerkung blos die stärkere Entwicklung des Tabaks in einem wohlbereiteten Boden, und seine Tauglichkeit zu Schnupftabak.

Im Niederrhein dürfen die Pflanzer nicht vergessen, daß ihre Ernte zu Rauchtabak bestimmt ist.

2. Diese Bemerkung über die Art und Weise des Pflanzens verdient vorzüglich die Aufmerksamkeit der Pflanzer des Niederrheins, wo die Tabakblätter öfters sehr groß werden. Die Ackersleute könnten auf diese Weise viel leichter ihre Pflanzungen reinigen, und namentlich viel leichter die Bodenblätter ernten.

grais et les autres agents chimiques, a été traitée plus haut; aussi suffit-il des observations qui suivent.

Bien qu'un sol argileux puisse supporter une grande quantité d'engrais, cette quantité a cependant ses limites, et l'expérience nous a démontré qu'avec une fumure trop abondante les feuilles restent parfois vertes, ou prennent au moins une couleur peu favorable.[1]

Si le sol est léger, il y a des précautions à observer lorsqu'on y conduit l'engrais ; il est surtout utile de le conduire de bonne heure et de le laisser répandu sur la surface du champ pendant quelque temps.

La plante de tabac demandant un sol meuble, travaillé avec soin et débarrassé de toutes mauvaises herbes, on doit conseiller au cultivateur de donner plutôt quatre labours que trois seulement. Il n'y a pas à craindre de les donner trop profonds ; car la plante du tabac se plaît dans un sol neuf[2]; il faut seulement avoir soin de ne pas les faire lorsque la terre est détrempée. Il est également convenable de diriger la charrue et la herse transversalement dans le champ : cette dernière ne saurait être employée trop souvent; ce qui contribue à la destruction si nécessaire des mauvaises herbes, qui ne tardent jamais à pousser sur une terre fraîchement fumée.

---

1. Ces tabacs n'obtiennent pas une couleur avantageuse, parce qu'une fumure trop abondante pousse outre mesure à la végétation, tend à l'augmentation des parties aqueuses, retarde la maturité, et rend par ces motifs la dessiccation très-difficile.

2. Sans doute le planteur ne peut pas donner les labours trop profonds ; mais il est à observer que ceux qui ont lieu au printemps ne doivent jamais être plus profonds que ceux qui ont été exécutés avant l'hiver. La terre neuve doit être ramenée à la surface avant l'hiver, pour qu'elle ait le temps de s'ameublir sous l'action de la température d'hiver. Ramenée à la surface au printemps, la terre neuve reste rude, donne des mottes, et produit sur la végétation du tabac les mêmes effets que les terres nouvellement défrichées.

Obgleich thoniger Boden eine große Menge Düngers ertragen kann, so hat das doch seine Grenzen, denn die Erfahrung hat gezeigt, daß bei Anwendung einer zu großen Menge Dung die Blätter bisweilen grün bleiben, oder aber eine schlechte Farbe bekommen. [1]

Bei leichtem Boden muß man beim Auffahren des Düngers vorsichtig seyn; besonders gut ist es, denselben einige Zeit früher aufzubringen und liegen zu lassen.

Da der Tabak ein sorgfältig zubereitetes, gelockertes, von Unkraut gereinigtes Feld verlangt, so ist es rathsam, mehrmals, 3 — 4 mal zu pflügen, und zwar tief zu pflügen: denn da die Pflanze neuen Boden liebt [2], so hat man nicht zu fürchten, den Pflug zu tief einzusetzen, nur darf die Pflugarbeit nicht bei nassem Wetter ausgeführt werden. Gut ist es, den Pflug und die Egge, welche nicht geschont werden darf, auch in die Quere gehen zu lassen, was dann auch zur gehörigen Vertilgung des im frisch gedüngten Boden nie ausbleibenden Unkrautes beitragen wird.

---

1. Dieser Tabak erhält keine gute Farbe, weil allzu reichlicher Dünger übermäßig zum Wuchs treibt, die Wassertheile vermehrt, die Reife verspätet, und daher das Trocknen sehr erschwert.

2. Allerdings kann man nicht zu tief pflügen; allein, zu bemerken ist, daß die Furchen vom Frühjahr nie tiefer seyn dürfen, als die vom vorigen Spätjahr. Der neue Grund muß vor Winter auf die Oberfläche gebracht werden, damit er durch die Winter-Fröste gelockert werde. Wird er erst im Frühjahr heraufgebracht, so bleibt der neue Grund spröde, gibt Schollen, und macht auf das Wachsen des Tabaks die nämliche Wirkung wie Neubruch.

Place du tabac dans la série des assolements; influence de cette place sur la qualité des produits et sur les récoltes subséquentes.

La place du tabac dans la série des assolements est susceptible de bien des modifications, suivant les divers systèmes d'exploitations agricoles. Le tabac peut, à la vérité, suivre toute espèce de culture qui n'a pas trop épuisé le sol ; mais surtout les récoltes cultivées à la houe et le trèfle.

Les engrais composés de matières végétales, exerçant une grande influence sur la qualité, ainsi qu'il en a été déjà question ci-dessus, il ne peut être qu'avantageux de fumer les tréflières immédiatement après la dernière coupe, et d'attendre, pour les retourner, que le trèfle ait repoussé de nouveau, au point de dépasser le fumier.

Le tabac occupe régulièrement la place de la jachère dans l'assolement triennal. On le cultive fréquemment, dans le Palatinat, après la luzerne retournée en automne. En Alsace, où l'assolement triennal existe, le tabac suit toujours l'orge.[1]

---

1. Il serait bon, comme l'indique plus haut l'auteur, de faire suivre le tabac dans le Bas-Rhin à des récoltes cultivées à la houe ; cette règle serait surtout introduite avec de grands avantages dans le Rieth.

En effet, le sol n'est plus ni assez creusé, ni assez meuble après deux récoltes de céréales, surtout après l'orge, pour laquelle les labours sont généralement peu profonds. Après une récolte sarclée, le sol est généralement plus léger, plus poreux ; les racines ont plus de facilité pour se développer, et la grande quantité de mauvaises herbes qui paraissent après les céréales n'existe plus.

Des essais de cet alternat ont été déjà faits avec succès par quelques planteurs du Rieth ; leur exemple est à recommander à tous les autres cultivateurs de cette contrée, ainsi qu'aux planteurs de la rive gauche de l'Ill qui posséderaient des terres fortes et compactes.

Stellung des Tabaks im Saatwechsel; Einfluß dieser Stellung auf die Qualität der Erzeugnisse und die nachfolgenden Ernten.

Die Stellung des Tabaks im Fruchtwechsel erleidet, je nach den verschiedenen Wirthschaftsystemen, mancherlei Abänderungen. Der Tabak kann eigentlich auf jede Frucht folgen, welche den Boden nicht zu sehr erschöpft hat; ganz besonders aber auf Hackfrüchte und auf Klee.

Da nun, wie schon angezeigt wurde, die vegetabilische Düngung auf die Qualität einen so großen Einfluß hat, kann es wohl nur vortheilhaft seyn, wenn man das Kleefeld nach dem letzten Schnitte überdüngt, und erst wenn der Klee unter dem Dunge hervorgewachsen ist, das Land umbricht und unterpflügt.

Bei der Dreifelderwirthschaft kommt der Tabak regelmäßig ins Brachland. In der Pfalz bringt man ihn häufig nach Luzerne, die im Herbste zuvor umgebrochen wurde. In der Elsaßer Dreifelderwirthschaft sehen wir den Tabak immer in der Gerstenstoppel.*

---

1. Es wäre gut, wie der Verfasser weiter oben andeutet, im Niederrhein den Tabak auf Ernten folgen zu lassen, die mit der Hau gebaut werden. Besonders vortheilhaft würde diese Regel im Rieth angewandt.

In der That, nach zweien Getreide-Ernten ist der Boden nicht mehr tief genug durchgraben, noch locker genug, namentlich nach der Gerste, für welche man überhaupt nicht tief pflügt. Nach einer gehackten Ernte ist der Boden überhaupt leichter, lockerich, die Wurzeln entwickeln sich besser, und das viele Unkraut, das nach dem Getreide zum Vorschein kommt, verschwindet.

Solcher Wechsel ist bereits von manchen Pflanzern im Rieth mit Erfolg versucht worden; ihr Beispiel ist allen andern dortigen Ackersleuten, wie auch denen vom linken Jll-Ufer, welche schweren Boden besitzen, zu empfehlen.

Comme culture précédant le froment et l'épautre, on en trouverait difficilement une qui fût plus avantageuse ; ce que je ne suis pas disposé à attribuer exclusivement à la forte fumure et aux façons répétées que le sol reçoit, mais aussi, en partie au moins, à la décomposition des racines. Voici un fait qui vient à l'appui de mon opinion : Le seigle réussit difficilement après le tabac. On peut toutefois opposer à l'opinion qui vient d'être émise, que le seigle demande, en général, un sol reposé quelque temps avant les semailles, tandis que le tabac, arrivant tardivement à sa maturité, on ne peut laisser reposer la terre après sa récolte, si l'on se propose d'y semer du seigle.

Cette circonstance même me paraît une preuve de plus de l'action qu'exerce la décomposition des racines qui s'opère pendant le temps que le sol attend la semence.

Une opinion généralement adoptée, est que le tabac gagne beaucoup en qualité lorsqu'il est cultivé plusieurs années de suite sur le même terrain ; cette amélioration se fait notamment remarquer, en ce que ce mode de cultiver ôte aux feuilles leur âcreté. Elles perdent en développement et non en poids ; car elles deviennent plus onctueuses et plus pesantes, et leur déchet, pendant la dessiccation, est de 5 à 6 pour cent moindre. Ainsi, le tabac est cultivé plusieurs années de suite sur le même terrain dans les environs d'Amersfort, si renommés pour la culture de cette plante. Les fabricants de tabac de Nathusius ont, de leur côté, l'habitude de suivre cette méthode dans leurs plantations.

L'âcreté du tabac provient aussi, sans aucun doute, des engrais abondants, qui sont indispensables pour sa culture, lorsque les récoltes qui l'ont précédé al-

Als Vorfrucht für Weizen und Spelz (Dinkel), wird man nicht leicht eine bessere finden können als Tabak, was ich nicht ausschließlich und allein dem starken Düngen und dem fleißigen Bearbeiten des Bodens, sondern auch, einigermaßen wenigstens, den Wurzelausscheidungen zuschreiben möchte, für welche mir unter andern auch der Umstand zu sprechen scheint, daß z. B. Roggen nach Tabak nie recht gedeihen will. Dagegen läßt sich freilich einwenden, daß der Winterroggen überhaupt ein Land verlange, welches vor der Saat einige Zeit ruhig stehen geblieben, der Tabak reife aber so spät, daß man nach dem Abräumen das Feld nicht mehr liegen lassen könne, wenn Roggen hineinkommen solle.

Aber gerade dieser Umstand scheint mir ein Beweis für die Wurzelausscheidungen, welche in der Zeit, während welcher das Feld auf die Saat wartet, sich wieder umwandeln.

In Bezug auf die mehrjährige Hintereinanderfolge des Tabaks auf demselben Felde, ist man wohl einstimmig der Meinung, daß er in Bezug auf Qualität viel gewinne, namentlich aber, daß ein mehrjähriges ununterbrochenes Vorkommen auf ein und demselben Boden ihm den wilden Geschmack benehme. Er verliert zwar an Größe der Blätter, nicht aber an Gewicht, denn sie werden fetter und schwerer, und verlieren beim Trocknen 5 — 6 % weniger an Gewicht als andere. Auf diese Art wird er z. B. in der durch Tabakbau ausgezeichneten Gegend um Amersfort mehrere Jahre hinter einander auf einem und demselben Felde gebaut; auch die Nathusius'schen Tabakfabriken pflegen dies bei ihren eigenen Pflanzungen zu beobachten.

Die Schärfe des Tabaks rührt ohne Zweifel auch viel von dem häufigen Düngen her, welches zu seiner Cultur nöthig ist, wenn die mit ihm wechselnden Pflanzen das Land

ternativement dans l'assolement, ont épuisé la terre, tandis que, si le tabac est cultivé sans interruption sur le même terrain, et si ce terrain est une fois en bon état, la même quantité d'engrais n'étant plus nécessaire, la plante trouve sa nourriture dans un humus plus meuble et plus ancien[1]. C'est ainsi que nous devons comprendre l'avis que nous donne la nature, lorsqu'elle fait mieux réussir le tabac là même où il existe une plus grande réserve d'humus meuble et ancien, dans les terres nouvellement défrichées et écobuées par exemple.

Remplacement des pieds manquants.

Le tabac est, de toutes les plantes qui sont l'objet d'exploitations agricoles, celle qui souffre le moins d'une grande sécheresse ; il est néanmoins utile de placer çà et là quelques replants dans les rangées ; car, il arrive quelquefois que le tiers des plantes vient à manquer, tant par suite de l'état du sol que par les ravages des insectes, circonstance surtout fréquente lorsque les plantations se trouvent entre deux tréflières.

On visite la plantation à plusieurs reprises, et l'on complète les places vides avec ces pieds tenus en réserve ; seulement il faut avoir la précaution d'enlever les plantes avec les mottes et de les placer dans des trous fraîchement faits à la houe.

---

1. L'opinion de l'auteur en ce qui concerne les résultats de la culture successive du tabac dans le même champ, peut être applicable au Palatinat ; dans le Bas-Rhin, le tabac planté la seconde année a une végétation plus vigoureuse ; le feuillage se développe davantage, son parenchyme devient plus fin ; mais l'expérience a constaté que l'épaisseur et l'onctuosité diminuent.

On doit conseiller, seulement pour deux ans, une culture successive dans des terres fortes et compactes. A la seconde année, le sol devient plus meuble, et ne demande qu'une fumure bien moindre.

ausgesaugt haben, statt daß bei ununterbrochenem Tabak=
bau, wenn das Land einmal im Stande ist, bei weitem
jenes Quantum Dung nicht mehr erfordert wird, die
Pflanze sich also von milderem, älterem Humus ernährt[1],
und gerade dies ist es auch, was ich in dem Winke,
den uns die Natur gibt, verstehen zu müssen glaube, wenn
sie den Tabak gerade da am besten gedeihen läßt, wo älterer,
milderer Humus vorräthig ist, in Neubrüchen und ge=
branntem Boden.

Ersetzung der fehlenden Stöcke.

Der Tabak ist von allen Pflanzen, welche Gegenstände
landwirthschaftlicher Kulturen sind, gegen große Dürre
wohl am unempfindlichsten; dessen ungeachtet ist es rath=
sam, hier und dort einige überflüssige Pflanzen in die Rei=
hen zu setzen, da nicht selten, in Folge der Beschaffenheit
des Bodens und auch der Pflanzen, selbst bis zu ⅓ der=
selben theils ausbleibt, theils aber und besonders, wenn
der Acker zwischen Klee liegt, vom Ungeziefer abgefressen
wird.

Man durchgehet daher etliche Male das Feld und er=
gänzt die Lücken mit jenen Reservestöcken, nur muß man
die Vorsicht gebrauchen, diese mit dem Ballen auszuheben
und so in die frisch gemachten Stufen zu setzen.

---

1. Die Meinung des Verfassers, betreffend die Ergebnisse eines
mehrere Jahre auf einander folgenden Tabakbaues auf dem
nämlichen Grundstück, mag in der Pfalz anwendbar seyn; im
Niederrhein hat der Tabak vom zweiten Jahre einen kräftigern
Wuchs, die Blätter entwickeln sich mehr, und werden feiner;
allein, die Erfahrung hat bewiesen, daß Dicke und Fettigkeit
abnehmen.

Zweimaliger Tabakbau unmittelbar nach einander, ist nur für
schweren fetten Boden anzurathen; im zweiten Jahr wird alsdann
der Boden lockerer, und erfordert viel weniger Dünger.

On comprendra facilement, que les pieds de réserve qui sont restés sans emploi dans les rangées,
doivent être arrachés plus tard, parce qu'ils ne feraient que nuire aux autres dans leur végétation.[1]

Dans le cas où le nombre des plantes ainsi réser-
vées, ne serait pas suffisant, ou que d'autres viendraient
encore à périr lorsque cette réserve n'existerait plus,
on peut remplir les places vides avec des replants de
betteraves que le cultivateur a encore, à cette époque, à sa disposition.

Cependant, dans le cas où le nombre de plantes
manquantes serait égal à celui des plantes qui ont
réussi, et que le résultat du premier remplacement
ne serait pas favorable, il vaudrait mieux labourer
la plantation et la replanter de nouveau.[2]

Façons à donner à la terre.

Le binage, qui sert à ameublir la terre, et qui doit
être donné aussitôt que les plantes ont repris (ce que
l'on peut reconnaître dès le huitième jour à la couleur des feuilles, qui devient plus foncée), et le buttage des plantes, lorsqu'elles sont devenues plus
fortes, sont des premières conditions pour la réussite
du tabac.

---

1. La méthode indiquée pour le remplacement des pieds manquants est très-bonne, et les planteurs des localités où elle n'est
pas en usage feraient bien de l'adopter; car alors le pied de tabac
servant de remplaçant est de la même venue que les autres pieds
de la plantation, tandis que le replant tiré du semis reste toujours
en retard dans sa végétation, est quelquefois recouvert et étouffé
par les pieds voisins, et en tout cas ne mûrit jamais en même temps
que les autres.

Il est bien entendu que la recommandation de l'auteur d'arracher
les pieds de réserve restés sans emploi, doit être observée avec soin.

2. On ne peut qu'engager les planteurs à suivre l'opinion de
l'auteur, surtout si la saison n'est pas trop avancée; on obtient
ainsi des plantations d'une venue égale, et arrivant à la maturité
en même temps.

Daß die in den Reihen übriggebliebenen Reserve=Pflanzen später ausgehauen werden müssen, versteht sich von selbst, weil sie die andern nur im Wachsthum hindern würden.[1]

Sollten die zur Ergänzung bestimmten Stöcke nicht aus= reichen, oder später noch Pflanzen zu Grunde gehen, wenn keine zum Ergänzen mehr vorhanden sind, so kann man die dadurch entstandenen Lücken etwa mit Rüben (Runkel= rüben) besetzen, da man mit solchen in der Regel um diese Zeit noch versehen ist.

Sollten jedoch fast eben so viele Pflanzen ausgeblieben als angeschlagen, und der Erfolg des ersten Nachsetzens nicht sehr günstig seyn, so ist es wohl das beste, das Feld sogleich umzupflügen und frisch zu bestellen.[2]

Umarbeitung des Erdbodens.

Auflockern des Bodens durch Behacken, sobald die Pflanzen angewachsen sind, was man an der dunkler werdenden Farbe der Blätter nach etwa 8 Tagen erkennen kann, und Behäufeln derselben, wenn sie etwas kräftig ge= worden, sind nun Haupterfordernisse zum Gedeihen des Tabaks.

---

1. Die angezeigte Methode zum Ersatz der fehlenden Stöcke ist sehr gut, und wo sie noch nicht eingeführt ist, da thäten die Pflanzer wohl sie anzunehmen; denn alsdann wächst der Ersatzstock gleichmäßig mit den übrigen Stöcken, während der aus der Kutsche gezogene immer zurückbleibt, und bisweilen von den umstehenden Stöcken bedeckt und erstickt wird, und jedenfalls nie mit den andern reift.

Es versteht sich, daß des Verfassers Empfehlung, die ungebrauch= ten Reserv=Pflanzen auszureißen, sorgfältig beobachtet werden muß.

2. Anrathen darf man den Pflanzern, die Meinung des Ver= fassers zu befolgen, vorzüglich wenn die Jahreszeit nicht zu weit vorgerückt ist; man erhält auf diese Weise Pflanzungen von gleichmäßigem Wuchs und gleichzeitiger Reife.

La première façon ne saurait être ajournée ; on doit, au contraire, l'entreprendre dès que la reprise des plantes est opérée et que la température la permet, afin d'ameublir, aussitôt que possible, le sol qui a été foulé pendant le repiquage, et afin de le rendre plus accessible à l'influence de la chaleur et de l'humidité.

On vient déjà de faire remarquer plus haut, en traitant de la transplantation, qu'il est avantageux pour le sol que ces façons ne soient pas données dans la direction des sillons tracés par la charrue, mais bien en travers.

Le binage doit être répété, aussi souvent que des mauvaises herbes paraissent, et le planteur doit toujours avoir soin de couvrir les racines dégarnies par les pluies et les vents, pour les empêcher de se dessécher et pour raffermir ainsi les pieds eux-mêmes.

Ce travail n'est suspendu que s'il règne une trop grande sécheresse, parce que dans cette circonstance on priverait facilement les plantes de l'humidité qui leur est nécessaire et que l'on arrêterait subitement leur végétation.

Les planteurs flamands ouvrent, après le premier binage, et chaque fois entre deux plantes, une fosse dans laquelle ils versent de la matière fécale délayée dans la lizée ; ils ne font alors le buttage qu'après l'écimage.

Le buttage se fait plus ou moins haut, suivant que le sol est plus léger ou plus compact. Dans quelques localités, comme à Amersfort, Utrecht, et aux environs, où l'on plante, si la terre est humide, sur bancs, ce buttage est complétement laissé de côté. Tantôt l'on butte chaque pied séparément ; tantôt ce travail s'exécute en lignes non interrompues ; quelquefois aussi avec la charrue.

Das erste Behacken sollte man nie zu lange Zeit verschieben, sondern sobald die Pflanzen angewachsen sind und das Wetter dasselbe zuläßt, vornehmen, um dadurch sobald als möglich das beim Versetzen festgetretene Land wieder aufzulockern und der Einwirkung der Wärme und Feuchtigkeit wieder zugänglich zu machen.

Vortheilhaft für den Boden des Ackers ist es, wie bereits beim Verpflanzen bemerkt worden, wenn das Behacken nicht in der Richtung, in welcher der Pflug gegangen, sondern quer geschieht.

Das Hacken sollte man so oft wiederholen, als sich Unkraut zeigt, und dabei immer die von Wind und Regen entblößten Wurzeln wieder bedecken, damit sie vor dem Austrocknen geschützt, und die Stöcke selbst wieder befestigt werden.

Nur bei heißer trockner Witterung sollte man es unterlassen, weil dann der Pflanze gar leicht die nöthige Feuchtigkeit entzogen wird, wodurch sie sogleich im Wachsthum gehemmt wird.

In Flandern macht man nach dem ersten Behacken zwischen je zwei Pflanzen eine Grube, worin Jauche mit aufgelösten Excrementen gegossen wird, und das Behäufeln geschieht dann erst nach dem Köpfen.

Dieses Behäufeln geschieht, je nachdem der Boden bündig oder locker ist, mehr oder weniger hoch, und an einigen Orten, Amersfort, Utrecht und Umgegend, wo bei etwas feuchtem Boden auf Kämme gepflanzt wird, gar nicht; bald häufelt man jeden Stock für sich, bald geschieht es in laufenden Reihen, wohl auch mit dem Pfluge.

Es ist, glaube ich überhaupt, kein Zweifel, daß nicht manche beim Tabakbau vorkommende Arbeiten mittelst der Pferdehacken an Mühe und Kosten ziemlich vermin-

Il n'est pas douteux pour moi que, plusieurs des travaux relatifs à la culture du tabac, ne puissent être exécutés à la houe à cheval, et qu'il soit ainsi possible de diminuer sensiblement les main-d'œuvres et les dépenses. Cependant, il y a certains travaux qui demandent absolument à être exécutés à la main, car ils doivent être faits avec exactitude et en temps opportun ; aussi est-il plus avantageux, pour les propriétaires dont l'exploitation est considérable, de faire faire tous les travaux par des colons. Je reviendrai plus tard sur ce sujet.

Outre l'influence d'une température défavorable, la végétation du tabac et sa réussite sont encore contrariées par des ennemis de plus d'une espèce.

Ennemis de la plante de tabac.

Pendant que les plantes se trouvent encore sur les couches et, dès les premières chaleurs, paraissent les achées, souvent en grand nombre ; les dégâts produits par ces vers sont d'autant plus considérables, qu'en sortant de la terre ils la soulèvent avec les plantules et découvrent ainsi les racines. En cas de dégâts de ce genre, il faut arroser doucement la couche.

Ces ennemis sont moins à redouter dans les couches établies au-dessus du sol avec du terreau criblé. On peut aussi prévenir leurs ravages dans les couches creusées dans le sol et dans lesquelles ils se rencontrent le plus fréquemment, en plaçant sous le fumier, et à quelques pouces de hauteur, un lit de feuilles de pin ou de balles d'orge, au moyen desquelles on empêche ces insectes de passer.[1]

---

[1]. Dans quelques communes du Bas-Rhin, où l'on cultive le chanvre, les planteurs ont soin de placer leurs couches sur un lit épais de chénevotte, qui remplace avantageusement les feuilles de pin. Cet usage est bon à suivre, car on est sûr ainsi de préserver la couche de vers.

dert werden könnten; indessen sind wieder manche andere
Handarbeiten dabei unumgänglich nothwendig, welche
überdieß mit Genauigkeit und im rechten Zeitpunkt gethan
werden müssen, und deßhalb ist es wohl für größere Landwirthe gerathener, die ganze Arbeit durch sogenannte Planteurs verrichten zu lassen, worauf ich später zurückkomme.

Das Emporkommen und Gedeihen des Tabaks wird
übrigens, außer den ungünstigen Witterungseinflüssen noch
durch mancherlei Feinde gestört.

Feinde der Tabakpflanze.

Schon in der zartesten Jugend der Pflanze, in der Sa-
menkutsche, erscheinen bei der ersten Sonnenwärme die
Regen- oder Thauwürmer oft in großer Menge. Sie
schaden besonders dadurch, daß sie beim Aufstoßen die
Erde mit den jungen Pflänzchen in die Höhe heben, und
so die Wurzeln entblößen. Wenn der Schaden schon an-
gerichtet ist, muß man die Pflanzen wieder sanft begießen.

In den über der Erde erhabenen Kutschen mit durch-
worfener Erde hat man von diesem Feind weniger zu
fürchten. Abwenden läßt sich dieses Uebel in den in die
Erde gegrabenen Beeten, woselbst es häufiger ist, als in
den Kutschen, wenn man unter die Dunglage des Beetes
eine, einige Zoll hohe Lage von trockenen Forlennadeln
oder Gerstengranen streut, indem diese das Durchkriechen
der Würmer verhindert. Auch gegen das Eindringen der
Würmer in diese Beete sind diese beiden Mittel mit Erfolg anwendbar.[1]

---

1. In manchen Hanfgegenden des Niederrheins pflegt man die
Kutschen auf ein dickes Lager von Hanfschäbe (Hanfnägeln) an-
zulegen, die die Forlennadeln vortheilhaft ersetzen. Es ist gut
diesen Gebrauch zu befolgen, denn auf diese Weise ist die Kutsche
vor Würmern gesichert.

Les limaces, qui dévorent les petites plantes, sont un autre ennemi; elles mangent le cœur, tandis que les feuilles qui restent végètent encore pendant quelques jours.

Le meilleur moyen est de les ramasser le matin pendant la rosée et de les détruire; elles se laissent aussi chasser par l'emploi du tan et de la sciure de chêne pourrie.

En plaçant sur la couche des branches de sureau, dont les feuilles poussent vers l'époque où les limaces exercent leurs ravages, elles viennent y ramper pendant la nuit, et chaque matin on peut les enlever.

Un autre moyen de prendre les limaces, ainsi que les pucerons et les autres insectes nuisibles, c'est de répandre sur la couche de larges feuilles. Ces insectes se cachent dessous pendant les chaleurs de midi, et le soir on les y trouve rassemblés en grand nombre; on peut dès lors les tuer facilement.

On éloigne les taupes par des herbes exhalant une odeur pénétrante que l'on introduit dans leurs galeries.

Le plus simple et le plus efficace de tous les moyens pour garantir les couches le plus sûrement possible de tous ces inconvénients, c'est de faire les semis dans des couches élevées du sol.

Parmi les accidents et les attaques ennemies auxquels le tabac est exposé sur les plantations, doivent être encore mentionnées d'une manière particulière:

La gelée blanche: les feuilles atteintes par ce sinistre noircissent, se dessèchent et deviennent si arides qu'elles perdent la majeure partie de leur poids. Si la gelée a attaqué les côtes, les feuilles sont perdues, elles pourrissent.

Les chenilles: principalement les chenilles de *Noctua gamma* et de *Noctua meticulosa*. On trouve cer-

Ein anderer Feind sind die kleinen Schnecken, welche die Pflanze abweiden; sie fressen das Herz heraus, während die übrigen Blätter noch einige Zeit fortvegetiren.

Am besten sucht man sie des Morgens beim Thau auf und vertilgt sie; auch durch Gerberlohe und verfaulte Eichensägespäne lassen sie sich vertreiben.

Legt man Holunderzweige, deren Blätter gerade zu der Zeit, in welcher die Tabakpflanzen von diesen Bestien heimgesucht werden, sich ausbreiten, auf die Beete, so kriechen sie bei Nacht auf diese, und des Morgens kann man sie dann jedesmal hinwegnehmen.

Auch kann man diese Schnecken, Feldwürmer, Erdflöhe und anderes Ungeziefer leicht wegfangen, wenn man des Morgens einige Blätter flach auf die Erde zwischen die Pflanzen legt; sie kriechen in den warmen Mittagsstunden darunter, und des Abends findet man sie haufenweise beisammen und kann sie vertilgen.

Die Maulwürfe werden manchmal durch in ihre Gänge gesteckte scharfriechende Kräuter abgehalten.

Um möglichst sicher vor allen diesen Uebeln zu bleiben, ist es das Einfachste und Beste, in erhöhte Kutschen zu säen.

Von den Unfällen und Feinden, welchen der Tabak im Felde ausgesetzt ist, verdienen noch genannt zu werden:

Der Frost. Die Blätter werden davon schwarz, nachher trocken und so dürr, daß sie den größten Theil ihres Gewichtes verlieren. Greift der Frost die Rippen der Blätter an, so sind sie verloren, sie faulen.

Sodann Raupen, besonders die Raupen von Noctua gamma und Noctua meticulosa. Man findet die Raupen vom Frühling bis in den Herbst in einigen Generationen.

taines espèces de ces chenilles, depuis le printemps jusqu'en automne ; elles se tiennent généralement sous le revers des feuilles, où elles trahissent leur présence par les trous qu'elles y font. Elles peuvent causer en peu de temps de grands dégâts.

La pourriture, qui ronge les tiges au niveau du sol et qui est produite par des pluies continues.[1]

La plante attaquée reçoit encore pendant quelque temps la séve par le canal du parenchyme et de la partie ligneuse de la tige, de manière que l'on ne s'aperçoit de la maladie que lorsqu'elle a pris le dessus et que les pieds se cassent et tombent à terre avec les feuilles, qui sont encore presque toutes saines.

La rouille : cette maladie se reconnaît à des taches, couleur de rouille; elle attaque ordinairement les feuilles après des pluies froides et continues, et précisément dans la période de leur plus grande croissance.

Enfin, les fleurs de chanvre, *orobancha ramosa*. Les moyens employés pour prévenir les dangers qui viennent d'être énumérés en premier lieu, ont été généralement suivis de peu de succès; mais là où les fleurs de chanvre paraissent, on peut les attribuer sûrement à une mauvaise culture, et particulièrement à un assolement mal réglé : ce que le planteur a le pouvoir de changer.

Écimage des plantes.

Lorsque le développement des plantes est enfin

---

1. Il est vrai que cette maladie se produit préférablement pendant les années humides; mais il faut aussi ajouter que c'est principalement sur les terres où le tabac est cultivé trop souvent sans interruption, comme cela a lieu dans certaines communes des environs de Brumath.

Sie sitzen meistens auf der untern Seite der Blätter, wo sie sich durch die Löcher, die sie hineinfressen, verrathen. Sie können in kurzer Zeit großen Schaden anrichten.

Ferner der sogenannte Wurm: durch anhaltendes Regenwetter herbeigeführtes Abfaulen der Stengel dicht über dem Boden.[1]

Die Pflanze erhält noch einige Zeit den Saftumlauf in den holzigen Theilen des Stengels und in der Oberhaut, so daß man noch keine Krankheit wahrnimmt, bis endlich die Fäulniß überhand nimmt, wo dann der Stock mit den meistens noch gesunden Blättern abbricht und sich auf den Boden legt.

Der Rost, der sich durch rostfarbene Flecken zu erkennen gibt. Der Rost befällt die Blätter gewöhnlich nach anhaltendem kaltem Regen, und zwar gerade in der Periode, in welcher die Blätter in der besten Ausbildung begriffen sind.

Endlich noch die Hanfblumen (Orobancha ramosa, *Linn.*). — Gegen die ersten Uebel hat man bis jetzt noch nicht viel ausrichten können; wo aber dieses letzte, die Hanfblume, vorkommt, da kann man sicher auf eine schlechte Behandlung des Feldes und ganz besonders auf unzweckmäßigen Fruchtwechsel schließen, was ja in unserer Macht steht abzuändern.

Köpfen der Pflanzen.

Ist die Bildung der Tabakpflanzen, trotz dieser mancherlei Hindernisse — sey es nun, daß man durch zweck-

---

1. Diese Krankheit entsteht zwar gern in feuchten Jahrgängen; allein, vorzugsweise auf solchen Grundstücken auf denen allzu oft Tabak ohne Unterbrechung gepflanzt wird, wie dieß in gewissen Gemeinden der Gegend von Brumath geschieht.

obtenu, malgré les obstacles de sortes si diverses, soit que le cultivateur ait su les écarter par des moyens convenables, soit que les plantes n'en aient pas même été attaquées, et que ce développement est parvenu au point que les tiges commencent à monter en fleurs, il faut que le planteur, dont le but est de produire les feuilles les plus parfaites, veille à l'enlèvement de toutes les parties du pied qui pourraient contrarier ce résultat, en ce qu'elles absorberaient presque entièrement les sucs nourriciers qui sont nécessaires à la croissance des feuilles.

Ces parties à enlever, sont la tige principale qui porte les fleurs et les rameaux.

La tige doit être coupée encore avant que les boutons des fleurs n'aient paru, et à la hauteur convenable qui est indiquée dans la partie de l'ouvrage traitant de la description des variétés ; mais cette hauteur doit être, en outre, réglée sur la fertilité du sol et sur la force de la végétation de chaque plante[1] ;

---

1. L'auteur a bien raison d'engager le planteur à régler la hauteur de l'écimage d'après la fertilité du sol et sur la force de la végétation de chaque plante ; il aurait pu ajouter qu'il convient également de prendre en considération l'époque à laquelle se fait l'écimage, car plus une plante est écimée bas, plus tôt elle parvient à maturité.

Les planteurs du Bas-Rhin ont généralement le tort de ne pas tenir assez compte de ces circonstances, surtout lorsqu'il s'agit d'écimer les pieds de remplacement, dont la croissance n'est jamais aussi avancée que celle des autres plantes ; ils veulent que le même nombre de feuilles soit laissé à ces pieds, et dès lors ils ne peuvent les écimer que huit et quinze jours plus tard. Comme toutes les feuilles d'une plantation sont récoltées en même temps, il en résulte que celles des pieds de remplacement n'ont pas eu le temps d'arriver à un complet développement et à une bonne maturité ; elles restent vertes et tombent, lors du triage qui se fait au moment de la préparation, dans les classes des non-marchands, à cause de leur manque de longueur et de couleur ; tandis que si le planteur avait écimé ces pieds à cinq ou six feuilles seulement, il en aurait récolté deux ou trois qui eussent pu entrer dans les qualités marchandes.

Les plantations de tardive venue ne produisent très-souvent que

mäßig angewandte Mittel ihnen zu begegnen gewußt, oder sind sie gar nicht angefeindet worden — endlich so weit vollendet, daß sie anfangen auf die Fortpflanzung ihrer Gattung hinzuwirken, um zu dem Ende in mit Blüthen besetzte Stengel aufzuschießen, so muß der Tabakpflanzer, dessen Zweck bloß ist, die möglichst vollkommensten Blätter zu erziehen, darauf bedacht seyn, alle Theile der Pflanze, welche diesem Zweck entgegenarbeiten, indem sie eine große Menge des Nahrungssaftes zu ihrem eigenen Gedeihen zu absorbiren genöthigt sind, zu entfernen.

Diese Theile sind der Hauptblüthenstengel und die Seitenäste.

Der Stengel wird, noch bevor sich die Blüthenknospen gebildet haben, auf die gehörige Höhe (wie oben bei den Beschreibungen bereits angegeben wurde), die sich jedoch auch nach der Fruchtbarkeit des Bodens und nach der Üppigkeit jedes einzelnen Pflanzenindividuums richten muß, abgeköpft[1]. Hierbei merke man, daß es, besonders

---

[1] Mit vollem Recht räth der Verfasser den Pflanzern an, die Höhe des Köpfens nach der Fruchtbarkeit des Bodens und nach der Stärke des Wuchses jeder Pflanze zu richten. Er hätte beifügen können, daß es gleichfalls zweckmäßig sey, auf den Zeitpunkt wo das Köpfen Statt hat Rücksicht zu nehmen, denn je weiter unten ein Stock geköpft wird, desto früher reift er.

Die niederrheinischen Pflanzer begehen überhaupt den Fehler, daß sie auf dergleichen Umstände nicht genug Rücksicht nehmen, namentlich beim Köpfen der Ersatzstöcke, die im Wuchs nie so weit vorgerückt sind als die andern. Man will diesen Stöcken die nämliche Anzahl von Blättern lassen, und folglich kann man sie erst acht oder vierzehn Tage später köpfen.

Da sämmtliche Blätter einer Pflanzung gleichzeitig geerntet werden, so sind alsdann die der Ersatzstöcke noch nicht zu völliger Entwicklung und Reife gelangt; sie bleiben grün, und fallen bei der Sortirung, wegen ihres Mangels an Länge und Farbe, in die Classe des nicht kaufmannsguten Tabaks; hätte sie hingegen der Pflanzer nur auf fünf bis sechs Blätter geköpft, so hätten

que le planteur fasse bien attention qu'il est très-avantageux que l'écimage soit exécuté sans retard, surtout dans le cas où il remarquerait que la végétation est active ; car, lorsque la tige est devenue forte, et que déjà elle porte des fleurs, son enlèvement agit d'une manière nuisible sur la plante.

Émondage.

La plante excitée par l'écimage produit, aux aisselles des feuilles, des rejetons (*gitzen*) qui viennent remplacer la partie supérieure qui a été coupée, et qu'il est nécessaire d'enlever aussitôt qu'ils se montrent.

L'enlèvement de ces rejetons se répète quelquefois jusqu'à trois et quatre reprises. Il est prudent d'éviter dans cette opération, de faire de fortes blessures aux plantes ; car elles ne feraient qu'exciter davantage la croissance de ces rejetons.

Pour prévenir la reproduction des rejetons, on a proposé, comme un moyen avantageux, de ne pas arracher les premiers qui se produisent, mais de les tordre seulement, ou de les casser à moitié et de les laisser pendre aux plantes.

Il est douteux que ce moyen suffise ; car la force végétative de la plante de tabac est tellement active, qu'elle est bien capable de cicatriser les blessures faites en tordant les rejetons et de les laisser continuer leur végétation.

---

des feuilles peu développées, non mûres, et destinées par conséquent à n'entrer que dans les basses classes. Cependant, en écimant les pieds des plantations de cette sorte à trois ou quatre feuilles plus bas que d'ordinaire, le planteur obtiendrait des feuilles d'une plus belle dimension, et hâterait leur maturité, qui est la principale condition à remplir, s'il veut obtenir des tabacs colorés tels que les demande la Régie, et tels que le commerce les recherche maintenant.

wenn man ein günstiges Wachsthum der Pflanzen bemerkt, gar vortheilhaft ist, wenn diese Arbeit recht frühe geschieht; denn wenn der Kopf schon stark geworden, wenn er sich gar schon zur Samenkrone gebildet hat, so wirkt das Abnehmen desselben leicht nachtheilig auf die Pflanze.

Ausgeizen.

Durch dieses Köpfen gereizt, treibt die Pflanze in den Blattwinkeln nun Seitenäste (Gitzen), welche jenen obern Theil ersetzen sollen; diese müssen so früh als möglich, so wie sie sich zeigen, ebenfalls ausgebrochen werden.

Dieses Ausgeizen muß mehrmals, oft 3 — 4 Mal geschehen, wobei klug ist, daß man zu starke Verwundungen vermeide, denn diese würden nur zu noch stärkerem Nachtreiben reizen.

Dies ganz zu verhindern, hat man als vortheilhaft vorgeschlagen, die ersten Gitzen gar nicht ganz abzureißen, sondern nur abzudrehen oder abzuknicken und herunterhängen zu lassen.

Ob dieses genügt, bezweifle ich, denn die Vegetationskraft der Tabakpflanze ist so stark, daß sie wohl im Stande ist, die durch Abdrehung veranlaßte Verwundung durch Vernarbung zu heilen und die getödtet werden sollenden Gitzen fortvegetiren zu lassen.

---

zwei oder drei derselben in die kaufmannsguten Qualitäten kommen können.

Die späten Pflanzungen geben sehr oft unausgewachsene, unreife Blätter, die folglich in die niedern Classen fallen müssen. Und doch, wenn man die Stöcke solcher Pflanzungen um drei oder vier Blätter weiter unten als gewöhnlich köpfen würde, so erhielte der Pflanzer Blätter von schönerm Wuchs, und würde ihre Reife beschleunigen, welche die Hauptbedingung ist die er erfüllen muß, wenn er farbigen Tabak erhalten will, wie ihn die Regie verlangt und der Handelsstand ihn jetzt sucht.

Les feuilles sont très-facilement endommagées pendant l'enlèvement des rejetons. Dans le cas où des femmes seraient employées à cet ouvrage, il est bon qu'elles lient leur habillement avec des rubans attachés aux bouts du tablier.

On exécute l'écimage, dans les plantations de tabacs gras, le matin pendant la rosée; car, sans cette précaution on risquerait de déchirer les feuilles qui se colleraient contre les vêtements.

Il ne peut être, dans d'autres circonstances, que nuisible de travailler dans les plantations de suite après la pluie ou pendant que les plantes sont encore mouillées par la rosée; car alors il se produit facilement, par le frottement, des taches de rouille sur les feuilles; avarie qui entraîne leur perte.

Si les apparences d'une bonne récolte étaient détruites par une grêle ou d'autres accidents, on peut, en traitant convenablement les plus forts rejetons, que l'on considère comme tiges principales, et sur lesquels on laisse quelques feuilles, obtenir encore une récolte productive.[1]

Culture des porte-graines.

On choisit les plus belles plantes, que l'on n'écime pas, afin de les laisser, au contraire, monter en fleurs et de les conserver comme porte-graines. Les planteurs en cueillent ordinairement, au moment de la récolte, les feuilles avec celles des autres pieds; ce

---

1. Plusieurs planteurs du Bas-Rhin ont traité leurs plantations grêlées d'après le procédé indiqué par l'auteur; les résultats ont été peu favorables, les feuilles étant restées minces et vertes par suite du manque de maturité. Nous rappellerons, à cette occasion, que d'après l'arrêté réglementaire, art. 47, des indemnités peuvent être accordées aux planteurs du Bas-Rhin, qui cultivent pour la Régie, et dont les tabacs ont souffert de la grêle.

Da bei dem Geschäft des Ausgeizens die Stammblätter
gar leicht beschädigt werden, ist es gut, im Falle weibliche
Arbeiter es verrichten, wenn sie ihre Schürzen durch an
die unteren Zipfel angenähte Bänder nach hinten zusam=
menbinden.

Man vollzieht diese Arbeit, zumal bei settem Tabak,
des Mogrens bei Thau, weil sonst durch das Ankleben
viele Blätter zerrissen werden; sonst ist es nicht gut,
gleich nach einem Regen oder wenn noch Thau auf den
Blättern ist, im Tabakfelde zu arbeiten, denn schon
das bloße Anstreifen an ein nasses Blatt bringt leicht Rost=
flecken und somit Verderbniß für dasselbe.

Sollte die Aussicht auf eine ordentliche Erndte durch
irgend ein eingetretenes Unglück, Hagel oder sonstige Be=
schädigung zweifelhaft werden, so kann man durch zweck=
mäßiges Behandeln der stärksten Gitzen, indem man sie
als Hauptstengel betrachtet und einer jeden etliche Blätter
stehen läßt, doch noch eine lohnende Erndte produziren.

Pflanzung der Samenstöcke.

Zu Samenstöcken läßt man die schönsten Pflanzen un=
geköpft stehen und in Blüthe übergehen. Man blattet sie
in der Regel zur Erndtezeit ab, wie die übrigen Stöcke.
Dies kann aber keineswegs gut seyn. Denn zur Bildung
guter Früchte oder Samen hat jede Pflanze ihre Blätter

---

1. Manche niederrheinischen Pflanzer haben ihre verhagelten
Pflanzungen dem vom Verfasser angezeigten Verfahren gemäß
behandelt; der Erfolg war nicht sehr günstig, denn die Blätter
blieben dünn und aus Mangel an Reife grün. Wir erinnern bei
dieser Gelegenheit, daß laut dem Reglementar=Beschluß, Art. 47,
denjenigen für die Regie bauenden Pflanzern, deren Tabak vom
Hagel gelitten, Entschädigungen bewilligt werden können.

qui est très-nuisible ; car chaque plante a absolument besoin de ses feuilles pour produire des fruits et des semences de bonne qualité. En effet, par leur canal elle pompe, décompose et raffine les sucs nourriciers.

Il serait préférable de consacrer une culture spéciale à la production de la graine; ce que l'on fait, en choisissant sur la couche, le plus tôt possible, les sujets les plus robustes, et en les plantant à une distance de trois pieds et plus encore, l'un de l'autre, sur un terrain très-meuble, fumé en automne et situé favorablement.

Lorsque les plantes montent, on les dépouille des rameaux, en ne conservant que les huit ou dix qui forment la couronne et dont on laisse les graines arriver à maturité.

Les rameaux qui portent la graine sont coupés vers la fin du mois de septembre et conservés jusqu'au mois de janvier dans un endroit sec du grenier.[1]

On peut aussi mettre les graines mûres dans de petits sacs et les suspendre dans un local, où elles sont à l'abri des souris. Toutefois, les graines laissées dans leurs capsules, gardent plus longtemps la faculté de germer.

Les semences que nous recevons des pays les plus chauds de l'Amérique, ne produisent souvent pas de la graine mûre la première année qu'elles sont cul-

---

1. Les planteurs du Bas-Rhin pourraient généralement mettre plus de soins dans le choix des plantes destinées à la production de la graine; ils devraient, comme le recommande l'auteur, enlever une partie des rameaux, et surtout ne dépouiller les porte-graines de leurs feuilles, qu'au moment où la graine est parvenue à maturité, ce qui se reconnaît à la couleur brune des capsules.

Dans le cas où la graine ne serait pas mûre, lorsque des gelées blanches obligent le planteur à la récolter, il doit enlever les plantes entières garnies de leurs racines et les suspendre par le pied. La force végétative conserve assez de durée pour que la maturité puisse se compléter.

durchaus nothwendig, indem sie durch dieselben Stoffe einzieht, ausscheidet und läutert.

Besser ist es, die Samenerziehung besonders vorzunehmen, indem man aus dem Mistbeete so früh als immer möglich die kräftigsten Pflanzen herausnimmt und sie in besonders hierzu gelockertes, schon im Herbste gedüngtes günstig gelegenes Land drei Fuß oder darüber von einander entfernt pflanzt.

Schießen die Pflanzen in die Höhe, so werden denselben alle seitlichen Blumenästchen abgenommen, so daß nur 8 — 10 der obersten zur Reife kommen können.

Die Samenstengel werden dann, etwa zu Ende Septembers, bei trockenem Wetter abgeschnitten und bis zum Januar an einem trockenen Orte unter Dach aufbewahrt.[1]

Man kann auch die reifen Samen in Säckchen an vor Mäusen sichern Orten aufhängen; der in den Kapseln gelassene Same aber erhält sich länger keimfähig als jener.

Mancher Same, den man aus den wärmeren Theilen Amerika's erhält, bringt bei uns im Freien im ersten Jahre keinen reifen Samen. Man kann jedoch die Pflanzen, nach

---

1. Die niederrheinischen Pflanzer könnten überhaupt mehr Sorgfalt auf die Auswahl der zu Samenerzeugung bestimmten Pflanzen verwenden, und sollten, wie der Verfasser es empfiehlt, einen Theil der Seitenäste abnehmen, und vorzüglich den Samen-Stöcken erst alsdann die Blätter abnehmen, wann der Same reif ist, was man an der braunen Farbe der Kapseln erkennt.

Falls der Same nicht reif wäre, wenn Fröste den Pflanzer nöthigen ihn zu ernten, so muß er die Stöcke ganz sammt den Wurzeln ausnehmen, und dieselben an der Wurzel aufhängen; das Wachsthum behält noch lang genug Kraft, daß sie völlig reifen können.

tivées dans notre contrée en plein champ. On peut, dans ce cas, faire passer l'hiver à ces plantes dans la cave, en les transplantant avec soin dans des cuves ; elles deviennent alors bisannuelles. On coupe la tige au printemps ; la plante repousse, et l'on obtient de cette manière de la graine mûre la deuxième année.

Bien que la graine du tabac conserve pendant huit et neuf ans la faculté de germer, cette faculté diminue cependant d'une manière sensible, à partir de la troisième année. Pour ce motif, il convient de donner à des graines d'une ou de deux années, la préférence sur celles qui seraient plus vieilles.

Époque et signes de la maturité.

Le mois d'août est, dans nos contrées, l'époque la plus décisive pour la réussite des plantations de tabac ; car si, pendant ce mois, les jours chauds sont suivis de quelques jours pluvieux, les plantes reprennent immédiatement, lors même qu'elles seraient restées arriérées dans leur croissance, et la récolte a lieu ordinairement au milieu du mois de septembre, si toutefois la transplantation a été exécutée avant la fin du mois de juin. [1]

---

1. Il faut à la plante du tabac, dans le Bas-Rhin, 90 à 100 jours de séjour en plein champ, pour arriver à un développement complet et à une bonne maturité; si donc la plantation n'avait lieu que vers la fin du mois de juin, la récolte ne pourrait se faire que dans les derniers jours de septembre ou au commencement du mois d'octobre, et à cette époque, alors même que le planteur n'aurait rien à craindre des gelées blanches, les rayons du soleil n'ont plus ni assez de force ni assez de permanence pour donner aux feuilles un degré de dessiccation convenable.

Il faut donc, nous le répétons, planter le plus tôt possible, pour pouvoir commencer la récolte vers la fin du mois d'août.

sorgfältiger Auspflanzung in Kübel, in Keller oder sonst überwintern, so daß sie zweijährig werden. Man schneidet im Frühjahr die alten Stengel ab, die Pflanze treibt von Neuem aus der Wurzel und man erhält auf diese Weise im zweiten Jahre reifen Samen.

Obwohl der Same des Tabaks 8 — 9 Jahre seine Keimkraft behält, so nimmt diese doch vom dritten Jahre an merklich ab, und es ist deßhalb der ein= oder zweijährige dem ältern immer vorzuziehen.

Zeitpunkt und Kennzeichen der Reife.

Die für das Gedeihen des Tabaks auf dem Felde ent= scheidende Zeit in unseren Gegenden ist der Monat August, denn wenn in dieser Zeit warme und einige feuchte Tage folgen, so erholt sich der Tabak, wenn er auch vorher im Wachsthum zurückgeblieben wäre, recht bald, und die Ernte fällt gewöhnlich in die Mitte des September (wenn man das Versetzen der Pflanzen nicht über den Junius hinausgeschoben hat).'

1: Die Tabakpflanze muß im Niederrhein 90 bis 100 Tage lang im Felde seyn, um zu völliger Entwicklung und Reife zu gelangen. Wenn man also erst gegen Ende Juni's pflanzte, so könnte man erst gegen Ende Septembers oder Anfang Oktobers ernten, und um diese Zeit, wenn auch kein Reif zu befürchten wäre, sind doch die Sonnenstrahlen weder kräftig genug, noch dauern sie lang genug, um die Blätter gehörig zu trocknen.

Man muß also, wir wiederholen es, möglichst bald pflanzen, um gegen Ende Augusts ernten zu können.

L'approche du moment de la récolte se reconnaît aux taches jaunes qui se montrent sur les feuilles, dont la nuance, qui était d'un vert vif, devient en même temps mât, en sorte qu'elles paraissent marbrées. La surface des plantations prend une teinte jaunâtre ; les feuilles commencent à développer l'arôme propre au tabac ; elles deviennent plus flexibles ; elles tiennent, au toucher, du cuir, ou plutôt du parchemin. Les côtes sont moins cassantes en les roulant, et elles se détachent facilement des tiges.[1]

Les feuilles de tête méritent une attention particulière, comme étant plus corsées et plus onctueuses que celles qui sont au bas des plantes, et elles ne présentent, par suite, qu'un peu plus tard, les signes de la maturité.

Récolte ; procédés pour la faire.

La récolte des tabacs peut se faire, soit que le planteur cueille feuille par feuille, soit qu'il coupe la plante entière.

Lorsque la récolte se fait d'après le premier procédé, c'est un très-grand avantage que d'enlever les feuilles aussi près de la tige que cela peut se faire, c'est-à-dire de laisser à cette tige, la plus petite partie possible du pétiole.[2]

---

1. Il est encore un autre signe indicatif d'une bonne maturité, c'est lorsque la pointe et les bords des feuilles se recoquillent ; ce signe est même plus certain que celui des taches marbrées, qui sont quelquefois les indices d'une fausse maturité, comme lorsqu'elles se produisent aux feuilles des plantes venues sur des terres neuves.

2. Il est des planteurs dans le Bas-Rhin qui enlèvent avec la feuille une partie de la tige, dans le but d'augmenter le poids de leur récolte ; ils ne réfléchissent pas au tort qu'ils se font en agissant ainsi ; ceux qui livrent à la Régie, subissent des déductions de poids ; ceux qui cultivent pour l'exportation, éloignent par cette fraude des acheteurs étrangers, et diminuent ainsi une concurrence si désirable dans leur intérêt.

Die herannahende Zeit zur Erndte erkennt man an den gelben Flecken der Blätter, wobei das lebhafte Grün in ein mattes übergeht, so daß die Blätter wie marmorirt aussehen, wenn die ganze Feldfläche einen gelblichen Schimmer bekommt und die Blätter ihren eigenthümlichen Geruch zu entwickeln beginnen; sie werden lederartig, oder besser pergamentartig, schlaff, beim Zusammenrollen springt die Mittelrippe nicht mehr so leicht, und sie lassen sich gut vom Stocke lösen.[1]

Sehr viel Rücksicht hat man auf die oberen Blätter zu nehmen, da diese dicker und fetter als die unteren sind und deßhalb etwas später diese Merkmale der Reife zeigen.

Ernte; Verfahrungsart bei derselben.

Die Tabakerute kann entweder durch Abbrechen der einzelnen Blätter, oder aber durch das Abnehmen des ganzen Stockes vom Felde, geschehen.

Bei der ersten Art der Ernte, bei dem Abnehmen der einzelnen Blätter ist es ein Hauptvortheil, die Blätter so kurz als möglich abzuschneiden, d. h. so wenig vom Stiele als möglich daran zu lassen.[2]

---

1. Es gibt noch ein anderes Merkmal guter Reife, wenn nämlich Spitze und Rand sich zusammenrollen (umbiegen). Dieses Merkmal ist sogar sicherer als das der Marmorflecken, welche zuweilen Zeichen einer unächten Reife sind, wie zum Beispiel an den Blättern die in einem neuen Umbruch-Boden gewachsen sind.

2. Manche niederrheinische Pflanzer nehmen mit den Blättern ein Stück vom Stengel weg, damit ihre Ernte mehr ins Gewicht fällt; sie bedenken nicht, wie sehr sie sich auf diese Weise schaden. Die an die Regie liefern, denen wird am Gewicht abgezogen; die für die Ausfuhr bauen, vertreiben durch solchen Betrug die ausländischen Käufer, und vermindern auf diese Weise die Zahl der Kauflustigen, die zu vermehren in ihrem Interesse so wünschenswerth ist.

La cueille se fait de bas en haut, et l'on doit éviter soigneusement de déchirer les feuilles. Les feuilles de chaque plante sont placées sur le sol, le pétiole tourné vers le soleil.[1]

Le classement des feuilles, c'est-à-dire la séparation des feuilles basses (les trois feuilles placées près du sol, — les feuilles de terre) des grandes feuilles facilite beaucoup la rentrée de la récolte.[2]

Les premières (feuilles de terre) sont d'une qualité inférieure, puisqu'elles contiennent moins d'huile essentielle ; elles compensent cependant les dépenses de la cueille; leur valeur étant du tiers, et quelquefois plus encore de celle des grands tabacs.

Le procédé qui est en usage dans quelques contrées de l'Amérique, et même peut-être dans toutes, et qui consiste dans la récolte des feuilles basses aussitôt que la plante a atteint la moitié de sa croissance,

---

1. Les planteurs du Bas-Rhin ont l'habitude de rassembler les feuilles en bottes, à mesure qu'ils les cueillent; cette méthode est vicieuse, car les feuilles qui ne sont pas encore assouplies, sont déchirées ou au moins froissées par la pression du lien.

En plaçant, au contraire, les feuilles de chaque plante par poignée sur le sol, et en ne les mettant en bottes que le soir, elles se fanent, perdent déjà une partie de leur eau végétative, et sont, dans tous les cas, devenues assez souples pour supporter cette manutention sans brisure ou froissement.

Il est facile de comprendre que ce procédé ne peut être employé ni par un temps pluvieux, toujours inopportun pour toute récolte, ni dans le cas où les rayons du soleil auraient, par une rare exception, assez de force pour sécher subitement les feuilles.

2. Depuis que l'introduction du manoquage rend nécessaire et facile un triage minutieux, au moment où on prépare les tabacs pour les livrer à la Régie, un premier classement sur le terrain n'est plus absolument indispensable que pour séparer les grands tabacs des feuilles de terre.

Il serait cependant utile que le planteur qui posséderait des tabacs très-développés, prît la précaution de cueillir séparément les feuilles les plus épaisses et les plus fortes, afin de pouvoir leur donner plus de soins pendant leur dessiccation, soit en leur assignant la meilleure place dans le séchoir, soit en les retournant plus souvent.

Das Abbrechen geschieht von der Basis nach der Höhe des Stockes, wobei man vorsichtig jede Verletzung der Blätter zu vermeiden suchen muß. Die Blätter jeder Pflanze werden neben dieselbe, mit ihrer Basis gegen die Sonne gekehrt, hingelegt.¹

Viel Erleichterung ist es für das Heimbringen, wenn man die Blätter ihrer verschiedenen Güte nach gleich besonders legt, nämlich das Sandgut, die drei untersten Blätter, Wurzelblätter, Sandblätter besonders, und das Bestgut, Bastgut, die oberen Blätter wieder besonders.²

Erstere sind von geringerer Qualität, da ihnen das feine Oel abgeht, belohnen jedoch das Einsammeln immer noch mit ⅓, und bisweilen auch mehr, von dem Werthe des bessern.

Gewiß eines Versuches werth ist das Verfahren, welches

---

1. Die niederrheinischen Pflanzer pflegen die Blätter, beim Abbrechen sogleich in Wellen zu binden. Dieß ist ein fehlerhaftes Verfahren; denn die Blätter, welche noch nicht biegsam genug sind, werden durch den Druck des Bandes zerrissen oder wenigstens zerquetscht.

Legt man dagegen die Blätter jedes Stockes handvollweise auf den Boden, und bindet sie erst Abends in Wellen, so welken sie ab, verlieren einen Theil ihres Wuchssaftes, und sind jedenfalls biegsam genug, um solche Behandlung ohne Riß noch Beschädigung zu bestehen. Man begreift leicht, daß dieses Verfahren weder bei Regenwetter, das bei jeder Ernte unzeitig ist, noch auch alsdann angewandt werden kann, wenn, ausnahmsweise, die Sonnenstrahlen so kräftig sind, daß sie die Blätter plötzlich trocknen.

2. Seitdem die Einführung der Püppelung, im Augenblick wo man den Tabak an die Regie abliefert, eine sorgfältige Sortirung nothwendig und leicht macht, ist eine vorläufige Sortirung auf dem Acker nur zu dem Zweck unerläßlich, die großen Tabak-Sorten von den Bodenblättern zu trennen.

Doch wäre es gut, wenn Pflanzer, welche sehr großen Tabak besitzen, Vorsichts halber, die dicksten stärksten Blätter besonders abnehmen würden, um sie sorgfältiger zu trocknen, indem man ihnen entweder den bessern Platz in der Tabakhänge anweist, oder sie öfters umwendet.

mérite certainement qu'on en fasse l'essai. Ces feuilles doivent être plus fines que celles qui sont récoltées plus tard; leur dessiccation est également plus facile, tandis que dans le Palatinat, où elles ne sont rentrées qu'en automne, elles n'ont que peu de valeur; car elles sont, pour la plupart, à moitié pourries, et les parties saines sont souvent salies par leur contact avec la terre.[1]

Un sordide intérêt engage aussi quelques planteurs à mêler des regains (*Gitzen*) avec les bonnes feuilles; cette manière d'agir doit être blâmée; car ces regains ne peuvent avoir acquis une maturité convenable; ils sont, en outre, d'une trop petite dimension, et, pour ce motif, les planteurs devraient les laisser plus longtemps sur pied pour que leur développement s'achevât; ce qui ne pourrait, d'un autre côté, avoir lieu qu'au détriment des bonnes feuilles.[2]

---

1. Les planteurs du Bas-Rhin avaient aussi l'habitude de ne récolter les feuilles de terre qu'en même temps que les grandes feuilles; une partie de ces feuilles se desséchait sur pied et l'autre s'avariait après la récolte, faute de temps pour leur donner les soins convenables et d'emplacements pour les sécher, toute l'attention du planteur devant se porter sur les grandes feuilles qui occupaient les meilleurs locaux.

Lorsque la Régie commença à prendre livraison des feuilles de terre (1835), cet usage existait encore; le rendement de ces feuilles, par hectare, était alors, en moyenne, de 220 kil., qui, payés à raison de 20 fr. 50 cent. les 100 kilogr., donnaient un produit de 45 francs. Depuis trois ans, le rendement moyen des feuilles de terre est de 325 kilogr., pour 98 fr., par hectare, ce qui porte le prix de 100 kil. à 30 fr. 20 cent.

Cette portion du produit de la culture du tabac a donc été plus que doublée, grâce à l'amélioration de la qualité des matières livrées, amélioration qui est, en grande partie, due à l'usage devenu presque général aujourd'hui de récolter les feuilles de terre aussitôt qu'elles ont acquis leur maturité, qui précède toujours celle des grandes feuilles.

2. La récolte des feuilles de regain ne peut avoir lieu, comme le fait judicieusement observer l'auteur, qu'au détriment de la croissance et de la qualité des grandes feuilles; elle a dû être, pour ce motif, formellement interdite dans le Bas-Rhin (article 42 de l'arrêté réglementaire).

man hier und da, ja vielleicht allgemein, in Amerika findet, nämlich die unteren Blätter, sobald die Pflanze halb erwachsen ist, abzubrechen : diese sollen dann viel edler als die später gewonnenen Blätter seyn, auch lassen sie sich viel leichter trocknen, während sie bei uns, wie schon gesagt, wo sie im Herbste abgebrochen werden, nur geringen Werth haben, indem die meisten bis zu jener Zeit schon halb gefault sind, ihr noch brauchbarer Theil aber, da sie sich meistens auf die Erde legen, verunreinigt ist.[1]

Bißweilen werden aus Eigennutz auch noch Gitzen unter die guten Blätter gemischt, was aber nur getadelt werden kann, da ja diese Gitzen noch nicht die gehörige Reife erlangt haben können; ja zudem sind sie noch zu klein, man müßte sie noch einige Zeit stehen lassen, damit die Blätter derselben sich etwas mehr ausbilden könnten, was wieder nur auf Kosten der guten Blätter geschehen kann.[2]

---

1. Die niederrheinischen Pflanzer hatten auch die Gewohnheit die Bodenblätter erst mit den großen Blättern zu ernten. Ein Theil jener Blätter verdorrte am Stock, und der andere Theil verdarb nach der Ernte, weil man nicht Zeit genug hatte sie gehörig zu besorgen, und nicht Raum genug zum Trocknen. Der Pflanzer verwendete alle Sorgfalt auf die Hauptblätter, welche auch die besten trockenen Plätze einnahmen.

Als die Regie anfieng Bodenblätter einzuziehen (1835), herrschte dieser Gebrauch noch; der Mittelertrag eines Hectares belief sich damals im Gewicht auf 220 Kilogr., und in Geld auf 45 Fr.; die 100 Kilogr. wurden mit 20 Fr. 50 Cent. bezahlt. Seit den drei letzten Jahren belauft sich der Mittelertrag der Bodenblätter auf einem Hectare auf 325 Kilogr. und auf 98 Fr., was den Preis der 100 Kilogr. auf 30 Fr. 20 Cent. steigert. Dieser Theil des Tabakbau Ertrags ist also mehr als verdoppelt worden, und zwar zu Folge besserer Qualität der gelieferten Waare; welche Verbesserung großentheils dem jetzt beinahe allgemeinen Gebrauch zu verdanken ist, daß man die Bodenblätter, die jederzeit vor den großen Blättern reifen, erntet sobald sie reif sind.

2. Die Ernte der Gitzen-Blätter kann, wie der Verfasser es sehr richtig bemerkt, nur zum Nachtheil des Wachsthums und der Qualität der großen Blätter Statt haben; sie hat daher im Niederrhein ausdrücklich verboten werden müssen (Art. 42 des Reglementar-Beschlusses).

La seconde manière de faire la récolte, qui consiste à couper la tige garnie de ses feuilles, est peu connue dans le Palatinat, et n'a jamais été mise en pratique, si ce n'est peut-être pour faire des expériences. Elle est employée communément dans le Maryland et la Virginie, ainsi que dans le midi de la France, et mérite d'être essayée.[1]

Dans ce système, le planteur doit faire, quelques jours avant la récolte, une entaille dans la plante, afin qu'elle se penche vers le sol, sans toutefois se séparer entièrement de la souche. Par un temps favorable, les plantes peuvent rester plusieurs jours ainsi couchées, se fâner et compléter leur maturité; et alors même qu'il surviendrait de la pluie, cette pluie serait moins nuisible, puisque une feuille mûre peut y rester exposée plus longtemps sans se détériorer.

Le planteur peut donc récolter les feuilles, suivant le mode en usage, ou, ce qui est préférable, rentrer les tiges garnies de leurs feuilles et les suspendre pour les sécher.

Cette dernière méthode est favorable à la dessiccation qui, étant une des principales opérations à soigner dans la culture du tabac, mérite, au plus haut degré, une attention dont elle n'a été que très-rarement l'objet. Ce manque de soins est certainement une des causes pour lesquelles nos tabacs ne peuvent pas entrer en concurrence avec les produits d'Amé-

---

1. La récolte des plantes garnies de leurs feuilles a été, il y a quelques années, essayée dans plusieurs localités du département. Quelques-unes de ces expériences ont réussi; les tabacs obtenus étaient colorés et avaient conservé beaucoup de consistance; d'autres ont manqué, parce que les planteurs n'avaient pas les connaissances pratiques, ou avaient négligé de donner les soins nécessaires. Ces essais pourraient être renouvelés par des planteurs soigneux.

Die zweite Art der Ernte des Tabaks, das Abnehmen der ganzen Stengel sammt den Blättern ist bei uns noch sehr wenig bekannt, und, mit Ausnahme einiger Versuche die gemacht wurden, nicht in Ausübung. In Maryland, Virginien, so wie im südlichen Frankreich ist es aber das herrschende Verfahren und verdient gewiß Nachahmung.[1]

Man haut nämlich einige Tage vor dem völligen Abnehmen vom Felde, die Tabakpflanzen an, so daß sie sich umlegen, ohne sich jedoch vom Strunke zu trennen. Bei gutem Wetter können sie auf diese Weise Tage lang liegen bleiben, abwelken und ausreifen. Auch wenn Regen eintreten sollte, so schadet dieser nicht so viel, indem das zeitige Blatt wohl längere Zeit demselben ausgesetzt seyn kann, ohne zu verderben.

Man kann nun die Blätter auf dem Felde nach der gewöhnlichen Art abnehmen, oder, was vielleicht den Vorzug verdiente, die ganzen Stöcke unabgeblattet heimbringen und sie so zum Trocknen aufhängen.

Dieses Trocknen, ein sehr wichtiger Punkt bei der Tabakcultur, verdient die größte Aufmerksamkeit, die ihm bis jetzt leider nur zu selten zu Theil geworden ist; was gewiß mit Ursache ist, daß unser Tabak im Werthe nicht mit dem amerikanischen concurriren könne, da er diesem im Allgemeinen nur wenig, einzeln vielleicht gar nicht,

---

[1] Man hat vor einigen Jahren in manchen Ortschaften des Departements versucht, die Stöcke sammt den Blättern zu ernten. Einige dieser Versuche sind gelungen, und haben farbigen und satten Tabak gegeben; andere sind mißlungen, weil die Pflanzer entweder nicht die nöthigen praktischen Kenntnisse hatten, oder nicht die erforderliche Sorgfalt anwandten. Solche Versuche könnten durch sorgfältige Pflanzer wiederholt werden.

tique, tandis, qu'en général, ils ne le céderaient guères à ceux-ci, peut-être même pas du tout à quelques-uns, s'ils recevaient des soins entendus pendant la culture et à l'époque de la récolte.

Dessiccation; soins à donner, procédés à suivre pendant son cours.

La dessiccation peut être faite, en raison du mode employé pour la cueille, de deux manières, savoir :

La première est celle qui est en usage communément, et qui consiste à sécher les feuilles séparées des tiges;

La seconde, celle que l'on peut appeler méthode du Maryland et de la Virginie, et d'après laquelle on met à la pente les tiges garnies de leurs feuilles et coupées au niveau du sol.

Lorsque la dessiccation doit se faire d'après le mode ordinaire, il convient d'étendre les feuilles dans un lieu aéré, sur l'aire de la grange par exemple, afin que leurs parties aqueuses s'évaporent et qu'elles soient moins exposées à s'échauffer. Elles sont mises à la pente, après qu'elles se sont fânées; ce qui a lieu, au plus tard, après 48 heures.[1]

---

1. Cette méthode peut être bonne; mais elle demande une grande expérience et surtout une surveillance assidue; le même résultat est obtenu en laissant, pendant un certain nombre de jours, les chapelets suspendus perpendiculairement, de manière que les feuilles se recouvrent les unes les autres.

Dans cette situation, les parties aqueuses commencent à s'évaporer au bout de quelques jours; il devient alors nécessaire de secouer et de retourner les chapelets, en mettant en haut la partie qui était en bas, afin de prévenir l'échauffement des feuilles.

Les tabacs sont généralement traités de cette manière dans le Bas-Rhin; cependant, beaucoup de planteurs, n'ayant pas soin de les secouer et de les retourner, se font à eux-mêmes un tort considérable, en raison de la perte en poids et en qualité qu'éprouvent toutes les feuilles qui s'échauffent.

nachstehen würde, wenn er eine richtige Behandlung bei der Kultur und Ernte genösse.

Trocknen; dabei zu tragende Sorge und Verfahrungsart.

Das Trocknen kann man je nach der Art der Ernte ebenfalls in zwei Methoden eintheilen, nämlich:

1) In die gewöhnliche, bei welcher die einzelnen Blätter getrocknet werden.

2) In die, wenn man den Ausdruck gestattet, ma= ryländische oder amerikanische, welche darin be= steht, daß man die dicht über der Erde abgeschnittenen Stengel mit den unabgebrochenen Blättern aufhängt.

Bei dem gewöhnlichen Trocknungs=Verfahren müssen die eingebrachten Blätter in einem luftigen Raume, etwa auf der Scheunentenne ausgebreitet werden, damit sie verdunsten und sich nicht sehr erhitzen können. Nachdem sie hier abgewelkt, was längstens in zweimal 24 Stunden geschehen ist, werden sie aufgehängt.[1]

---

1. Diese Verfahrungsart mag gut seyn; allein, es erfordert viel Erfahrung und vorzüglich eine anhaltende Aufsicht. Den nämlichen Erfolg erlangt man, wenn man während einer gewissen Anzahl von Tagen die Schnüre senkrecht aufgehängt läßt, so daß die Blätter einander bedecken.

In diesem Hängen fangen nach einigen Tagen die Wassertheile an auszudünsten; alsdann wird es nothwendig die Schnüre zu schütteln und zu stürzen, so daß die Blätter sich nicht erhitzen.

Auf diese Weise wird überhaupt der Tabak im Niederrhein be= handelt; aber viele Pflanzer geben sich nicht die Mühe die Schnüre zu schütteln und zu wenden, und verursachen sich dadurch beträcht= lichen Schaden, weil die warm gewordenen Blätter an Gewicht und Qualität verlieren.

Les feuilles laissées plus longtemps sans être mises à la pente, prennent facilement des taches provenant de la fermentation, taches qui en diminuent considérablement la valeur.

Pour suspendre les feuilles de tabac on les enfile à des baguettes ou à des ficelles. On se sert de baguettes, longues de 6 à 7 pieds (2 mèt. à 2 mèt. 30 cent.), minces, mais, ayant néanmoins assez de force pour ne pas plier sous le poids des feuilles. On rend pointu le bout par lequel on se propose d'enfiler les feuilles. Il serait plus utile, dans le but de diminuer le travail, d'adapter, au bout de la baguette, au lieu de faire dans chaque côte une entaille, une pointe en acier, ou de tout autre métal et ayant un double tranchant; la baguette, garnie de feuilles, on enleverait cette pointe pour la placer à une autre.

Il est nécessaire, que les feuilles placées aux baguettes, soient disposées de manière que leur revers soit dirigé du même côté, et qu'il reste, chaque fois entre deux feuilles, une place vide d'un pouce ou de deux (2 à 6 centimètres), si le séchoir n'est pas aéré. [1]

La mise en chapelets se fait au moyen d'une aiguille, longue de plusieurs pouces (25 à 30 centim.), et dans le trou de laquelle est passée une ficelle.

Les principales conditions qui sont à observer dans ce mode de dessiccation sont :

De préparer les ficelles d'après une mesure exacte, afin qu'elles ne soient pas trop longues pour les dimensions des séchoirs ; sans cette précaution les

---

1. La dessiccation aux baguettes n'a jamais été pratiquée ni même essayée dans le Bas-Rhin ; on ne peut donc pas dire si la substitution de baguettes aux ficelles, qui sont d'un usage général, serait préférable, ce qui paraît au moins douteux ; mais ce qui est certain, c'est que l'emploi de ce procédé nécessiterait des changements assez dispendieux dans l'arrangement intérieur des séchoirs.

Läßt man den Tabak auf längere Zeit unaufgehängt liegen, so bekommt er leicht Brandflecken, welche denselben dann im Werth sehr herunterbringen.

Das Aufhängen geschieht entweder durch Anspillen oder durch Einfädeln.

Zum Anspillen bedient man sich 6 — 7 Schuh (2 Meter bis 2 Meter 30 Centimeter) langer dünner Stecken, doch so stark, daß sie sich unter dem Gewicht der Blätter nicht biegen, und spitzt sie an dem einen Ende, wo man die Blätter einstecken will, zu. Um Arbeit zu sparen, wäre es vortheilhaft, wenn man, statt vorher in die Basis der Mittelrippe eines jeden Blattes einen Schlitz zu machen, an die Stecken, Ruthen, eine stählerne oder überhaupt metallene zweischneidige hohle Spitze machte, die man, sobald der Stock voll ist, abnehmen und dem folgenden anstecken kann.

Die Blätter müssen so aufgespillt werden, daß die Rückseiten derselben alle nach einer Seite hin sehen, und daß zwischen je zwei Blättern ein Raum von 1 oder 2 Zoll (3 — 4 Centimeter) wenn der Trockenboden nicht ganz luftig ist, frei bleibt.[1]

Das Einfädeln geschieht mittelst einer mehrere Zoll (20 — 25 Centimeter) langen Nadel, durch deren Oehr ein Bindfaden gezogen ist.

Die Hauptpunkte, auf welche es bei dieser Art des Trocknens ankommt, sind:

Daß die Schnüre vorher zurecht gemacht werden, damit sie nicht zu lang sind, sonst hängen die Bandeliere=

---

1. Das Trocknen an Stecken ist im Niederrhein nie üblich gewesen, noch auch nur versucht worden. Es läßt sich daher nicht sagen ob die Einführung der Stecken anstatt der Schnüre, die allgemein üblich sind, besser wäre, was mindestens zu bezweifeln ist; allein, ganz gewiß würde dieses Verfahren ziemlich kostspielige Aenderungen in der innern Einrichtung der Tabakhängen erfordern.

ficelles, formant une courbe trop pleine, il en résulterait que les feuilles se toucheraient et que la pourriture pourrait attaquer toutes celles d'un chapelet. Il est, au contraire, nécessaire de tendre, autant que possible, les ficelles;

D'avoir soin que les feuilles ne soient pas trop rapprochées dans les chapelets, et que les chapelets ne soient pas trop près les uns des autres, principalement sur les greniers, si l'on ne possède pas de séchoir disposé spécialement à cet usage. [1]

Pour hâter la dessiccation des côtes des feuilles mises en chapelets, on a essayé de les fendre; il a été toutefois reconnu, outre que le travail était beaucoup augmenté et que les entailles n'étaient pas tenues ouvertes, comme lorsque les feuilles se trouvaient placées à des baguettes, qu'il se produisait de la moisissure et de la pourriture. [2]

---

1. La recommandation de l'auteur est applicable au **Bas-Rhin;** les lattes qui servent à la suspension des chapelets, ne sont généralement pas assez écartées, depuis qu'une fumure plus abondante et des soins mieux entendus, donnés à la culture du tabac, ont produit des feuilles d'un plus grand développement.

Les planteurs devraient changer les distances qui existent entre les lattes, en ayant soin de les écarter de manière que les pointes des feuilles de la rangée supérieure ne se trouvent pas en contact avec les caboches de celles de la rangée inférieure. Ils parviendraient ainsi à conserver saines les pointes des feuilles, qui sont presque toujours endommagées au moment de la livraison.

Les distances à laisser entre les chapelets dans les séchoirs et entre les feuilles dans les chapelets doivent être également augmentées, en raison du développement des feuilles. Il y a des planteurs qui ne se doutent pas du tort considérable qu'ils font à la qualité et au poids des feuilles, lorsqu'elles sont trop rapprochées les unes des autres.

2. Le procédé indiqué par l'auteur a été essayé dans le **Bas-Rhin** par les soins de M. le préfet Lézay-Marnésia, qui portait un si grand intérêt à la prospérité de la culture du tabac dans le département. Les résultats ont été complétement défavorables, parce que la dessiccation avait été trop prompte, et que les parties aqueuses contenues dans la feuille avaient entraîné également dans leur évaporation, par la large fente faite dans la côte, les parties huileuses.

Schnüre im Bogen, wodurch die Blätter zu sehr mit einander in Berührung kommen, in deren Folge oft eine, das ganze Bandelier durchgreifende Fäulniß entsteht, sondern daß die Schnüre so straff als möglich sich spannen;

Daß die Blätter selbst beim Einfädeln nicht zu nahe auf einander geschoben und daß die Bandeliere nicht zu nahe an einander aufgehängt werden, besonders auf gewöhnlichen Speichern, wenn man keine eigens dazu bestimmte Tabakschuppen hat.[1]

Um die Rippen der einzufädelnden Tabakblätter schneller zum Trocknen zu bringen, hat man versucht, dieselben zu spalten, fand jedoch, nebst der Arbeitsvermehrung, daß, da die Spalten hier nicht, wie beim Anspillen, offen gehalten werden, hierdurch bald Schimmel und Fäulniß erzeugt wird.[2]

---

1. Des Verfassers Empfehlung ist im Niederrhein anwendbar; die Latten zum Aufhängen der Schnüre sind überhaupt nicht weit genug aus einander, seitdem reichlicherer Dünger und verständigere Besorgung des Tabakbaus größere Blätter hervorgebracht haben.

Die Pflanzer sollten die Latten weiter von einander entfernen, und zwar so daß die Blätterspitzen der obern Reihe die Köpfe der untern Reihe nicht berühren. Auf diese Weise würden die Blätterspitzen, die bei der Ablieferung beinahe immer beschädigt sind, wohlbehalten bleiben.

Zwischen den Schnüren in den Tabakhärgen, wie auch zwischen den Blättern an den Schnüren, muß, nach dem Verhältniß der Größe der Blätter, gleichfalls mehr Raum gelassen werden. Manche Pflanzer vermuthen gar nicht, wie sehr sie an Qualität und Gewicht den Blättern schaden, wenn letztere zu nahe bei einander sind.

2. Das vom Verfasser angezeigte Verfahren ist im Niederrhein auf Betreiben des Hrn. Präfekten Lezay-Marnesia, dem das Gedeihen des Tabakbaus im Departement so sehr anlag, versucht worden. Der Erfolg war völlig ungünstig, weil das Trocknen zu rasch vor sich gieng, und mit den Wassertheilen, durch die breite Spalte in der Rippe, auch die öhligen Theile ausdünsteten.

L'expérience a prouvé que la mise en baguettes est préférable à la mise en chapelets; car il faut prendre en considération que, par ce moyen on accélère la dessiccation, déjà si lente de la côte qui contient pendant longtemps beaucoup de parties âcres.

D'un autre côté, il est plus facile de secouer les tabacs qui viennent d'être mis à la pente, lorsqu'ils sont placés aux baguettes, que s'ils étaient en chapelets : ce qui est très-nécessaire, par une température humide et défavorable, pour prévenir la moisissure et la pourriture.

Enfin, les fabricants donnent la préférence aux tabacs séchés aux baguettes.

Le procédé suivi en Amérique et dans le midi de la France pour la mise à la pente et la dessiccation, procédé qui n'a encore été expérimenté que dans quelques localités du Palatinat, offre une supériorité incontestable ; c'est celui dont il a été déjà question, et qui consiste à couper et à suspendre, par la partie inférieure, les tiges garnies de leurs feuilles.

La cause première de la supériorité de cette méthode qui fait obtenir aux tabacs d'Amérique leur bonne qualité, consiste certainement en ce que les tabacs ainsi traités, peuvent perfectionner leur maturité, tandis que la plus grande partie des feuilles cultivées dans notre contrée, n'y arrivent pas complétement, attendu que le temps de leur végétation est abrégée par les gelées blanches qui sont précoces.

Or, les feuilles qui sont enlevées des tiges avant leur maturité, restent vertes, tandis qu'elles prennent une nuance jaune ou brune lorsqu'elles sont entièrement mûres.

Comme les cas de maturité entière sont rares, les feuilles ont besoin, pour acquérir une bonne qualité, d'un complément de maturité, auquel elles ne

Offenbar verdient das Anspillen dem Einfädeln vorgezogen zu werden, denn jedes unschädliche Mittel, wodurch das, wie bekannt höchst langsam vor sich gehende, Trocknen der Blattrippen, in welchen noch dazu viel schärfere Säfte enthalten sind, beschleunigt werden kann, wie hier durch das Aufschlitzen, muß sehr beachtet werden.

Auch kann der frisch aufgehängte Tabak an den Ruthen besser geschüttelt werden, welches zur Verhinderung von Fäulniß oder Schimmel, besonders bei für das Trocknen ungünstiger feuchter Witterung, öfters nöthig ist.

Endlich wird der durch das Anspillen getrocknete Tabak von den Fabrikanten dem andern vorgezogen.

Nicht zu läugnende, auch bei uns, jedoch nur erst an einzelnen Orten erprobte Vorzüge hat das Verfahren, dessen man sich in Amerika und auch im südlichen Frankreich beim Aufhängen und Trocknen des Tabaks bedient. Es ist dieß das schon oben bewährte Abschneiden und Aufhängen der ganzen Stengel sammt den Blättern, dessen Grund der Vorzüglichkeit (in Folge deren sich die amerikanischen Produkte der allgemein besseren Qualität erfreuen) gewiß mit darin besteht, daß auf diese Art der Tabak noch vollkommen nachreifen kann, was bei unserer alten Methode nicht der Fall seyn kann, indem bei uns die wenigsten Arten Tabak (in Folge des oft sehr früh eintretenden Reifes zu kurzen Vegetationsperiode) ihre völlige Zeitigung auf dem Felde erlangen könne, sondern die Blätter, wenn sie unreif vom Stengel kommen, bleiben grün, werden aber gelblich oder braun wenn sie reif abgenommen wurden.

Da dieß letztere jedoch selten vollkommen der Fall ist, so bedarf das Blatt, um eine gute Qualität zu erlangen, noch einer Nachreife, welche aber, vom Stengel getrennt,

peuvent arriver lorsqu'elles sont séparées de la tige, tandis que, d'après le procédé d'Amérique, elles y sont amenées de la manière la plus désirable par la force végétative que conserve la tige.

Les feuilles se fânent peu à peu, commencent à devenir jaunes par les bords, prennent ensuite une nuance brune, qui finit par devenir d'un jaune rouge ou d'un brun rouge. La force végétative des tiges est même d'une telle vigueur, qu'elles poussent encore souvent des rejetons et des fleurs.

La supériorité de ce mode de dessiccation repose essentiellement sur le fait même de cette force dans la végétation que conservent pendant quelque temps les tiges; car les feuilles ne sèchent que peu à peu sous l'influence de son action, et il est possible de prolonger ainsi de quelques semaines la marche de la végétation, tandis qu'elle est arrêtée subitement par la cueille des feuilles, alors que les parties aqueuses n'ont pas encore eu le temps de se solidifier et les principes narcotiques de se former.

On peut aussi suspendre les tiges par la partie supérieure, ce qui amène une dessiccation plus prompte; toutefois, quelques personnes ont prétendu avoir fait la remarque, que les feuilles traitées suivant ce procédé étaient, en définitive, plus claires en couleur; mais on doit se demander si les observations ont été faites sur des plantes de la même espèce, cultivées dans le même terrain, etc., ou sur des plantes d'espèces et d'origines différentes, ou, enfin, si l'on doit plutôt attribuer ce résultat à la facilité que l'on a procuré à la marche de la séve.

Des explications plus longues, dans le but de démontrer que le travail est abrégé, et que les frais si dispendieux occasionnés par la mise en chapelets sont ainsi économisés, ne pourraient être que superflus.

unmöglich wird; wogegen dieselbe bei dem amerikanischen Verfahren durch die Vegetations = Reproductivkraft des Stengels auf die schönste Weise befördert wird.

Die Blätter welken sehr allmählig ab, werden zuerst am Rande gelb, dann bräunlich und endlich röthlichgelb oder rothbraun. Ja diese Vegetationskraft ist oft noch so stark, daß der Stengel nicht selten noch kleine Sitzen und Blüthen treibt.

Auf dem Umstande, daß der Stengel noch einige Zeit seine Vegetationskraft behält, beruht also der wesentliche Vortheil des Aufhängens sammt dem Stengel, denn hierdurch sterben die Blätter nur nach und nach ab, und so ist es möglich, die eigentliche Vegetationszeit oft um einige Wochen zu verlängern, während sie bei den abgebrochenen Blättern plötzlich unterbrochen wird, wenn die Säfte noch nicht vollständig verbraucht und die narkotischen Stoffe noch nicht gehörig zersetzt sind.

Man kann auch die Stengel statt an der Basis, am Gipfel aufhängen, auf welche letztere Art der Tabak allerdings früher trocken wird, doch will man die Be= merkung gemacht haben, daß die Blätter der umgekehrt aufgehängt gewesenen Stengel heller gewesen seyen als die anderen. Es fragt sich, ob die Beobachtung an Pflanzen einer und derselben Sorte, von einem und demselben Boden u. s. w. oder an verschiedenen gemacht wurde, oder ob man dem geförderten, oder vielmehr nicht gehin= derten Saftzuge solche Wirkung zuschreiben solle?

Daß viele Arbeit und das kostbare Einfassen mit der Schnur erspart wird, bedarf keiner weiteren Auseinan= dersetzung.

Séchoirs.

Les grandes cultures seules sont assez productives pour permettre la construction de bâtiments spécialement destinés à la dessiccation des tabacs. Les petits planteurs peuvent y consacrer les greniers ou d'autres locaux ; il faut seulement que ces locaux soient suffisamment aérés et éclairés[1]. Lorsque dans un temps chaud et étouffant ils manquent d'air, les feuilles, en sueur, ne pouvant pas sécher, s'échauffent et sont attaquées par une espèce de pourriture sèche ; tout en conservant leur forme, elles deviennent minces, cassantes, ternes et perdent beaucoup de leur poids.

Les séchoirs, les hangars et les granges dont les parois sont garnies de treillages et dont les toitures sont pourvues de lucarnes, sont les plus appropriés et en même temps les plus simples. On peut aussi, pour fermer ces locaux, remplacer les treillages par des planches, clouées à une distance d'un pouce, ou un peu plus (3 à 6 centimètres), et disposées de haut en bas.[2]

On suspend dans ces bâtiments les tabacs à des perches ou à des lattes, et l'on cherche à disposer

1. A ces conditions d'air et de lumière il convient d'en ajouter une autre, qui est également essentielle : c'est que les tabacs que l'on met à la pente dans les greniers soient complétement fanés ; il faudrait même qu'ils fussent déjà à moitié secs, pour qu'il n'y eut plus à craindre d'échauffement.

2. Le meilleur moyen de fermer les séchoirs est l'établissement de paillassons mobiles, tels qu'ils sont adaptés à l'un des séchoirs-modèles, que tous les planteurs du Bas-Rhin connaissent.

Ces paillassons, que les planteurs pourraient confectionner pendant l'hiver, coûteraient peu, dureraient, s'ils étaient soignés, environ dix ans, et rendraient de très-bons services, par la facilité qu'ils procurent d'ouvrir ou de fermer le séchoir suivant l'état de l'atmosphère.

Tabakhängen.

In Bezug auf die Tabakhängen lohnt es freilich nur bei größeren Pflanzungen, sich besondere Gebäude einzurichten. Kleinere Landwirthe können Hausspeicher u. dgl. dazu verwenden, sobald der Ort nur Luft und Licht genug hat[1]; denn wenn bei Mangel an Luftzug warme Witterung eintritt, wo dann die schwitzenden Blätter nicht abtrocknen können, entsteht der sogenannte Dach = brand, eine Art trockner Fäulniß, wobei das Blatt zwar seine Gestalt behält, aber ganz dünn, leichtbrüchig und braun wird, und sehr an Gewicht verliert.

Am zweckmäßigsten und zugleich am einfachsten sind wohl jene Trockenhäuser, Schuppen oder Scheunen, deren Wände aus Flechtwerk bestehen, und deren Dächer mit Luftzügen versehen sind. Statt des Geflechtes kann man die Seitenwände dieser Räume auch mit Brettern be = kleiden, welche man in wagrechter Richtung 1 Zoll oder etwas mehr (3 — 6 Centimeter) von einander entfernt, aufnagelt.[2]

In solchen Schuppen hängt man den Tabak an quer übergelegte Stangen, wobei man die Schnüre oder die

---

1. Diesen Luft = und Licht = Bedingungen ist noch eine andere, gleichfalls nothwendige, beizufügen. Der Tabak nämlich, den man auch unter die Dächer hängt, muß völlig welk seyn; er sollte sogar schon halb trocken seyn, damit keine Erhitzung mehr zu befürchten sey.

2. Das beste Mittel die Tabakhängen zu schließen, sind beweg = liche Strohmatten, dergleichen an einer der Modell = Hängen an= gebracht sind, welche alle niederrheinischen Pflanzer kennen.

Solche Strohmatten, die die Pflanzer im Winter verfertigen könnten, würden wenig kosten, bei guter Besorgung ohngefähr zehn Jahre dauern, und sehr gute Dienste leisten, weil man die Tabakhänge leicht, je nach der Witterung, öffnen oder schließen könnte.

les chapelets ou les baguettes dans la direction des courants d'air.

Avec les séchoirs ainsi disposés, et la mise à la pente opérée de la sorte, il est très-souvent possible de dépendre le tabac, vers la fin de novembre, époque à laquelle il a déjà pris une belle couleur d'un jaune rouge, ou d'un rouge brun, tandis que les feuilles, séchées d'après la méthode ordinaire, ont une dessiccation très-lente et conservent une mauvaise couleur verte.

Suivant Thaer, on peut employer, au besoin, tous les greniers, les granges, jusqu'aux écuries, et le tabac ne doit éprouver aucun dommage en se trouvant au-dessus des bestiaux. Cette dernière opinion paraît cependant douteuse[1]

Ne serait-il pas méritoire de la part de l'Autorité de chercher, dans les contrées où la culture est importante, à donner, dans l'intérêt du cultivateur, l'impulsion, et à concourir à la construction de séchoirs communs, comme il existe déjà des fours et des sécheries communs?[2]

----

1. L'expérience a condamné cette opinion, et il ne saurait être trop recommandé aux planteurs de tabacs de ne pas suspendre leurs récoltes au-dessus des bestiaux; car les vapeurs qu'exhalent ces animaux tiennent le tabac dans un état continuel de moiteur, et produisent la moisissure qui finit par ronger les feuilles.

2. La construction de séchoirs est encouragée dans le Bas-Rhin par une prime d'un franc par mètre cube (art. 67 de l'arrêté réglementaire), payée aux planteurs qui établissent des séchoirs d'après l'un des modèles adoptés par l'arrêté de M. le Préfet, en date du 11 décembre 1845.
De nombreux séchoirs ont déjà été bâtis, et on ne peut qu'engager les planteurs qui manquent de locaux convenables, à se mettre promptement en mesure d'obtenir l'autorisation de construire des séchoirs-modèles, en suivant la marche tracée par l'article 68 de l'arrêté réglementaire.

Stäbe in die Richtung der gegen einander überstehenden Luftzüge zu bringen sucht.

Bei dieser Art des Aufhängens und der Einrichtung der Tabakhängen, welche dem kleinen Tabakpflanzer sehr zu empfehlen sind, ist es oft schon möglich, den Tabak in der Mitte Novembers abzuhängen, wo er schon eine herrliche feurige rothgelbe oder rothbraune Farbe erhalten hat, während andere auf gewöhnliche Art getrocknete Blätter nur höchst langsam trocknen und dazu noch eine schlechte grüne Farbe behalten.

Nach Thaer kann man alle Böden, Schuppen und sogar Ställe zu Hilfe nehmen, und es soll dem Tabak durchaus nicht schaden, wenn er über dem Vieh aufge= hängt wird. Dieß letztere möchte ich jedoch sehr bezweifeln.[1]

Wäre es nicht ein Verdienst für Behörden, wenn sie in Gegenden, wo der Tabakbau in einiger Ausdehnung betrieben wird, auf das materielle Wohl des Landmannes hinzuwirken suchten, indem sie die Errichtung gemein= schaftlicher Tabakhängen, in der Art wie Gemeinde= backöfen, Hanfdörren=Anstalten u. dergl. veranlaßten und beförderten![2]

---

1. Diese Meinung ist durch die Erfahrung gänzlich verworfen; und man kann den Tabakpflanzern nicht genug empfehlen, ihre Ernte nicht über dem Vieh aufzuhängen; denn dessen Ausdünstung erhält den Tabak beständig feucht, und bringt auf die Blätter Schimmel der sie endlich durchfrißt, hervor.

2. Der Bau von Tabakhängen wird im Niederrhein aufge= muntert durch eine Prämie von Einem Franken vom Kubikmeter, die denjenigen Pflanzern bezahlt wird, welche nach einem der durch Beschluß des Hrn. Präfekten vom 11ten Dezember 1845 an= genommenen Modellen, Hängen errichten.

Bereits sind viele Hängen gebaut worden, und denjenigen Pflanzern, welche keinen schicklichen Platz haben, ist dringend anzurathen, um Ermächtigung zum Bau von Modell=Tabakhängen ungesäumt zu erhalten, einzukommen, und zwar den durch Art. 68 des Reglementar=Beschlusses vorgeschriebenen Gang zu befolgen.

Influence fâcheuse du manque de soins pendant la dessiccation.

L'auteur est convaincu, que les tabacs du Palatinat seraient payés à des prix bien meilleurs, si les planteurs voulaient se donner la peine de mieux sécher leurs récoltes. Pour obtenir ce résultat, il serait toutefois nécessaire d'établir des constructions spéciales ; les fabricants ne rencontreraient plus les grandes difficultés qu'ils éprouvent pour retirer quelque chose de bon de nos produits, et ils pourraient, tout en payant des prix plus élevés, rentrer dans leurs fonds.

Ce manque de soins se fait remarquer dans tous les travaux de culture en général ; le tabac ne forme pas d'exception.

Les cultivateurs ne mettent pas encore assez de soins pour préparer leurs produits et leur donner une qualité marchande, tandis que toutes les autres professions ont fait des progrès qui ne sauraient être niés.

Le tabac exige, pendant tout le temps qu'il se trouve à la pente, une attention continue. Dans le cas où la température de l'automne serait sèche, la dessiccation marche assez vite pour être achevée dans huit à dix semaines; si, au contraire, elle est défavorable, le planteur peut se trouver obligé d'attendre jusqu'au printemps pour descendre ses tabacs de la pente.

Il est absolument nécessaire, dans les premières semaines qui suivent la récolte, de combattre la pourriture et ses conséquences auxquelles sont exposées les feuilles vertes et non mûres en secouant les chapelets ou baguettes. Il convient, dans le même but, de retourner les chapelets, afin que les tabacs, qui se

Schädlicher Einfluß des Mangels an Sorgfalt während des Trocknens.

Ich bin überzeugt, daß unser Tabak im Allgemeinen ganz andere Preise bedingen würde, wollte man sich bemühen, denselben besser zu trocknen, wozu denn freilich vor Allem zweckmäßige Einrichtungen erforderlich sind; dann würden die Fabrikanten der gar großen Mühe etwas Brauchbares aus dem Produkte zu bereiten, überhoben, dafür höhere Preise bieten, und doch wieder zu ihrem Gelde kommen.

Dieser Fehler ist aber beim Feldbau noch fast allgemein, nicht bloß beim Tabakbau: daß man auf die Zubereitung der Erzeugnisse zur kaufmannsguten Waare noch viel zu wenig Sorgfalt verwendet, während doch bei allen andern Gewerben ein unverkennbares Fortschreiten zu bemerken ist.

In der Zeit, während welcher der Tabak zum Trocknen aufgehängt ist, ist eine unausgesetzte Aufmerksamkeit durchaus nöthig. Im Falle der Herbst trocken wird, geht das Trockenwerden des Tabaks ziemlich schnell vor sich, so daß derselbe schon nach 8 — 10 Wochen abgenommen werden kann. Sollte aber im Herbste ungünstige nasse Witterung eintreten, so kann das Abnehmen wohl bis zum Frühjahre aufgeschoben werden müssen.

In den ersten Wochen nach dem Aufhängen, besonders bei eintretender feuchter Witterung, ist es nöthig, um der Fäulniß und Ansteckung, welcher die grünen und nicht ganz reif gewordenen Blätter am meisten ausgesetzt sind, durch Auseinanderschütteln entgegen zu arbeiten; so wie auch durch Umhängen, so daß die in der Mitte des Raumes

trouvaient d'abord dans l'intérieur du séchoir, soient placés vers les côtés extérieurs.[1]

Lorsque les feuilles ne renferment presque plus de parties aqueuses, et que, pressées ensemble, elles ont assez d'élasticité pour ne pas rester comprimées, il est temps de les dépendre. Si les feuilles ne se séparent pas d'elles-mêmes lorsqu'elles sont serrées, on peut être sûr qu'elles conservent encore de l'humidité.

De petits points blancs qui paraissent sur les feuilles crispées, sont des signes certains que la dessiccation a été ou négligée, ou qu'elle n'a pas reçu tous les soins convenables : ce sont des cristaux de sel d'une longueur de plusieurs lignes et ayant la forme d'aiguilles.

L'apparition de ces corps s'explique facilement par les sels que contiennent les engrais, et cela d'autant plus que les cristaux de cette forme se montrent en grande quantité sur les feuilles cultivées dans des terres fortement et fraîchement fumées.

Descente des tabacs de la pente.

La descente de la pente doit se faire par un temps favorable, qui ne soit pas trop sec; car on risquerait de briser les feuilles. Il faut, cependant, que la dessiccation soit bien complète avant cette opération[2] ; la fermentation prendrait, sans cette précau-

---

1. Les bons planteurs du Bas-Rhin ne manquent jamais de retourner les chapelets dans les séchoirs; mais il y en a beaucoup d'autres qui s'en abstiennent. On ne saurait trop les engager à le faire, car c'est peut-être le seul moyen de procurer aux feuilles une couleur uniforme, tout en accélérant leur dessiccation.

2. Les tabacs du Palatinat sont soumis, après l'achèvement de leur dessiccation, à des manipulations que les usages du commerce et de certaines méthodes de fabrication ont fait introduire.

Dans le Bas-Rhin, la plus grande partie des tabacs cultivés est livrée

hängenden Blätter nach und nach gegen außen, an die Luft zu hängen kommen.[1]

Wenn die Rippen der Blätter so zäh geworden sind, daß sie fast keine Feuchtigkeit mehr enthalten, sich zusammen drücken lassen, jedoch dabei so viel Elastizität besitzen, daß sie, ohne sich zu ballen, von selbst wieder aus einander gehen, dann ist es Zeit, den Tabak abzuhängen: rollen sich die Blätter beim Drücken zusammen, so kann man sicher seyn, daß dieselben noch feucht sind.

Als ein untrügliches Zeichen, daß beim Trocknen etwas versäumt wurde, oder daß überhaupt nicht gehörig verfahren werden, treten an den gerunzelten Blättern kleine weiße Punkte auf; Salzkrystalle, oft mehrere Linien lang und nadelförmig.

Durch die Salztheile des Düngers läßt sich das Vorhandenseyn dieses Stoffes leicht erklären, besonders da sich diese nadelförmigen Krystalle ganz besonders häufig, an von frisch und stark gedüngten Feldern gewonnenen Blättern zeigen.

Abnehmen des Tabaks vom Trockenboden.

Das Abnehmen des Tabaks vom Trockenboden sollte bei günstigem, nicht zu trockenem Wetter geschehen, derselbe zerbröckelt sonst zu leicht, jedoch muß er an sich wirklich trocken geworden seyn, ehe er von dem Dache genommen wird[2], sonst würde die nachherige Fermenta-

---

1. Die tüchtigen Pflanzer des Niederrheins ermangeln nie die Schnüre in den Hängen zu wenden; allein, viele andere unterlassen es. Es ist ihnen innig anzurathen, dasselbe zu thun, denn es ist vielleicht das einzige Mittel den Blättern eine gleichmäßige Farbe zu geben und zugleich das Trocknen zu beschleunigen.

2. Mit dem Pfälzer Tabak werden, nach völligem Trocknen, Behandlungen vorgenommen, welche wegen der Gebräuche der Kaufleute und wegen gewisser Fabrications-Verfahrungsart eingeführt worden sind.

Im Niederrhein wird der meiste Tabak an die Regie geliefert,

tion, une marche insolite et souvent trop rapide malgré les soins et les connaissances du fabricant, et les feuilles deviendraient ternes et même noires; ou si, pour conserver la couleur, le fabricant faisait retourner les tabacs trop fréquemment, ils moisiraient, contracteraient une mauvaise odeur et commenceraient à pourrir; il ne pourrait par conséquent plus les faire servir à l'usage auquel il les destinait,

---

à la Régie, qui possède des établissements où elle fait donner à ses tabacs les manutentions qui doivent assurer leur conservation jusqu'au moment de la fabrication. Des observations sur ces manipulations ne pourraient intéresser les planteurs du Bas-Rhin, et un aperçu des soins que réclament les tabacs dont la première dessiccation est faite, paraît plus utile.

Lorsque les tabacs présentent les signes que l'auteur indique plus haut comme annonçant l'achèvement de la dessiccation, ils doivent être enlevés des séchoirs où ils seraient exposés, par un plus long séjour, aux variations de la température, perdraient leur couleur et leur onctuosité, prendraient de la moisissure, et seraient probablement au moment de la préparation ou trop secs ou trop humides.

Il est de toute nécessité qu'ils soient placés dans un local bien fermé et en masses bien serrées.

Cette méthode de conservation est connue de la plupart des planteurs, mais elle est généralement exécutée d'une manière trop défectueuse pour mettre les tabacs entièrement à l'abri des intempéries de l'atmosphère, et pour leur conserver assez de souplesse jusqu'au moment de la préparation, ce qui est cependant très-important, puisque c'est le seul moyen d'éviter dans la préparation l'emploi de l'eau, si nuisible, quelle qu'en soit la quantité, à la bonne qualité des tabacs et à leur conservation dans les magasins de la Régie.

La préparation des tabacs dans le Bas-Rhin précède immédiatement la livraison. Cette opération comprend le triage des feuilles, leur assemblage en manoques, et le bottelage de ces dernières.

Le triage consiste à classer les feuilles par longueur, couleur et qualité.

Les feuilles d'une même classe sont réunies en manoques et liées avec une feuille de même qualité, à 6 centimètres de l'extrémité de la caboche pour les grandes feuilles, et à 4 centimètres pour les petites.

Le bottelage se fait en réunissant, au moyen d'une ficelle, un certain nombre de manoques. Cette opération doit toujours être rapprochée le plus possible du moment de la livraison, afin d'éviter la moisissure, et il importe que le lien ne soit pas serré au point de froisser les feuilles.

tion (Gährung), selbst bei der größten Aufmerksamkeit und Kenntniß des Fabrikanten einen unnatürlichen, meistens zu raschen Gang nehmen, die Blätter braun und wohl gar schwarz werden; oder, wenn man, um die Farbe zu erhalten, was jedoch nie ganz gelingt, allzu häufig

---

welche Gebäude besitzt, wo sie ihrem Tabak diejenige Behandlung geben läßt, wodurch seine Bewahrung bis zum Augenblick der Fabrication gesichert wird. Bemerkungen über diese Behandlung sind daher für die niederrheinischen Pflanzer von keinem Werth; zweckmäßiger scheint hingegen eine Angabe derjenigen Besorgung, welche der Tabak nach seinem ersten Trocknen erfordert.

Trägt der Tabak diejenigen Zeichen an sich, die der Verfasser als Merkmale völliger Tröckne angibt, so muß derselbe aus der Hänge weggenommen werden, wo er dem Wechsel der Witterung ausgesetzt wäre, Farbe und Fettigkeit verlöre, schimmelte, und wahrscheinlich im Augenblick der Zubereitung für die Lieferung zu trocken oder zu feucht wäre.

Durchaus nothwendig ist, daß derselbe in einen wohlbewahrten Platz und zwar in dichter Masse gehängt werde.

Diese Bewahrungs-Art ist den meisten Pflanzern bekannt; allein, sie wird überhaupt allzu fehlerhaft angewandt, als daß sie den Tabak völlig gegen die ungünstige Witterung schützte, und ihn biegsam genug bis zur Zeit der Zubereitung für die Lieferung bewahren könnte, was doch sehr wichtig ist, denn es ist das einzige Mittel in der Vorbereitung das Wasser zu entbehren, welches, auch in der geringsten Quantität, für die gute Qualität des Tabaks und für dessen Bewahrung in den Gebäuden der Regie so schädlich ist.

Die Bereitung des Tabaks hat im Niederrhein unmittelbar vor der Ablieferung Statt. Sie besteht aus der Sortirung der Blätter, deren Püppelung, und dem in Wellen-Binden der Püppeln.

Die Sortirung ist die Abtheilung der Blätter in Classen, nach Länge, Farbe und Qualität.

Die Blätter einer und eben derselben Classe werden zu Püppeln vereinigt, und mit einem Blatt nämlicher Qualität zusammengebunden, die großen Blätter sechs Centimeter weit vom Ende des Kopfes, die kleinen Blätter vier Centimeter weit.

Das Wellen-Binden besteht darin, daß man eine gewisse Anzahl Püppeln mit einer Schnur zusammenbindet. Dieß muß möglichst kurz vor der Ablieferung geschehen, um das Schimmeln zu vermeiden, und es ist daran gelegen daß die Schnur nicht zu fest angezogen wird, damit die Blätter nicht verletzt werden.

et souvent ces feuilles seraient impropres à tout emploi : dans ce cas, le fabricant serait trompé.

Les observations qui viennent d'être faites, se rapportent non-seulement aux tabacs destinés à la pipe, mais aussi à ceux qui doivent servir dans la fabrication de la poudre, ou comme robes de rôles et de cigares. Il est, en effet, impossible de mener à bonne fin la fermentation, si les tabacs sont humides, puisque l'on est obligé de leur laisser prendre une forte chaleur qui leur fait perdre les parties huileuses. Les feuilles qui sont destinées à servir de robes aux rôles et aux cigares, et qui ne peuvent être employées qu'à la condition d'être complétement souples, deviennent également impropres à cet usage. En outre, tout tabac descendu trop humide de la pente, ne peut plus être mélangé avec d'autres espèces, et cependant les produits du Palatinat sont principalement employés à des mélanges.

Manipulations à donner après l'achèvement de la dessiccation; mise en bottes et en manoques; formation des masses de ressuage.

Divers procédés sont suivis pour les manipulations que les tabacs reçoivent à la descente de la pente. C'est alors que les feuilles doivent être classées par longueur et qualité, et divisées en feuilles marchandes et en feuilles de terre, si cette division n'a pas eu lieu déjà au moment de la récolte ou de la mise à la pente.

On enlève les feuilles des chapelets, et, après les avoir égalisées et lissées, on forme de celles qui proviennent de 25 ou 30 chapelets des bottes de 4 à 5 livres, de manière que les pointes touchent les pointes et les côtes les côtes et qu'elles ne soient pas trop comprimées.

umschlägt, schimmlicht, fäulnißansetzend, übelriechend, und deßhalb entweder für die frühere Bestimmung nicht mehr geeignet, oder ganz unbrauchbar werden und der Fabrikant ist betrogen.

Das gilt nicht nur von dem zu Pfeifengut bestimmten Tabak, sondern ganz allgemein auch vom Schnupftabak und jenen Blättern, die zum Decken der Rollen bestimmt sind. Denn im feuchten Zustande ist es unmöglich, die Fermentation zweckmäßig zu vollziehen, da man den Tabak sehr warm auf den Stöcken werden lassen muß, wodurch denn natürlich die öligen Theile im Blatte verloren gehen. Das Deckblatt, dessen Brauchbarkeit allein durch vollkommene Biegsamkeit bedingt wird, wird unbrauchbar. Ganz besonders ungeschickt wird ein solcher feucht abgehängter Tabak zur Mischung mit andern Sorten, wozu gerade unsere Produkte meistens verwendet werden.

Behandlung nach völligem Trocknen; Bindung in Wellen und Püppeln; Brühhaufensetzen (Aufstocken).

Bei dem Abnehmen der Blätter von dem Dache, wobei, wenn es nicht schon früher bei der Ernte auf dem Felde oder bei dem Aufhängen geschehen ist, die Blätter je nach Größe und Qualität, Sandgut oder Bestgut, sortirt werden sollen, kann man auf verschiedene Arten verfahren:

Man schüttelt die einzelnen Schnüre auf, streicht die Blätter gleich und glatt, bindet je 25 — 30 derselben in 4 — 5 pfündige Bünde in der Art mit Stroh, aber nicht zu fest, zusammen, daß Spitze auf Spitze und Rippe auf Rippe zu liegen kommt.

Cette manière d'opérer peut encore passer ; mais l'on ne peut que blâmer l'usage de quelques localités où l'on roule ces bottes et où on les serre fortement avec des liens de paille ; on enlève ainsi, non-seulement toute apparence au tabac, mais cette compression trouble encore la fermentation, en empêchant la maturité de se compléter et en interrompant la circulation de l'air.

La méthode suivie en Amérique est meilleure ; elle est également celle qui est préférée par les fabricants.

Les planteurs de cette contrée rassemblent dans une main douze feuilles, dix-huit au plus, les lissent avec l'autre, et prennent une feuille légère qu'ils tournent plusieurs fois autour des caboches (têtes des feuilles) ; puis, après en avoir tordu les deux bouts, ils les passent entre les autres feuilles.[1]

Le commerce reçoit des petits paquets de cette espèce de la Hollande, de la Virginie, etc., où on les appelle des manoques ; leur petite dimension rend plus faciles les opérations de la fermentation. Que les feuilles soient liées d'après l'un ou l'autre procédé, elles ne doivent pas moins être retournées tous les huit jours · jusqu'à l'arrivée des froids ; sans cette précaution, elles sont exposées à une fermentation putride, à cause de l'humidité qu'elles contiennent encore.

---

1. Les planteurs du Palatinat ont imité les exemples qui leur ont été proposés comme modèles, et aujourd'hui une partie de leurs tabacs est livrée au commerce en manoques. Les feuilles destinées à la confection des robes de cigarres, qui, lors du manoquage, sont ouvertes et aplaties, ont été payées, dans certaines années, jusqu'à 22 florins (46 fr. 20 cent.) les 50 kilogrammes.

Les manoques sont composées dans le Bas-Rhin de 50 feuilles pour les feuilles de terre, et de 25 pour les grandes feuilles. Comme l'exactitude des décomptes en nombre de feuilles repose sur le comptage régulier des manoques, les planteurs ne sauraient apporter trop d'attention à ce comptage.

Diese Weise mag noch hingehen, aber durchaus zu verwerfen ist es, wenn man, wie an manchen Orten üblich ist, diese Bunde zusammenwickelt und mit Strohseilen zusammenschnürt; dieses macht nicht nur den Tabak unscheinbar, sondern kann auch nur störend auf die Fermentation wirken, indem die Nachzeitigung und der Zutritt der Luft abgehalten wird.

Am besten, und bei den Fabrikanten sehr beliebt, ist die Methode der amerikanischen Pflanzer.

Sie nehmen 12 bis höchstens 18 Blätter in die eine Hand und streichen dieselben mit der andern Hand glatt, dann wickelt man ein langes Blatt von Erd= oder Sandgute einige Male recht fest um die Blattstiele, dreht die beiden Enden dieses Bindblattes einige Male um, und steckt sie dann zuletzt in die Blätter hinein.[1]

Wir erhalten solche Bündchen aus Holland, Virginien 2c., in welchem letztern Lande man sie Manoques (Händchen) nennt. Sie erleichtern ihres geringen Umfanges wegen sehr den Gährungsprozeß.

Sind die Bunde nun auf eine oder die andere Weise gefertigt, so sollen sie bis zum Eintritt des Frostes alle 8 Tage umgekehrt werden, weil sie sonst, da doch noch immer Feuchtigkeit in ihnen verhanden ist, leicht in faule Gährung gerathen; um diese letztere ganz zu verhindern, findet man es im Elsaß vortheilhaft, die Blätter bis nach dem ersten Froste hängen zu lassen.

---

1. Die pfälzischen Pflanzer haben die ihnen als Muster vorgeschlagenen Beispiele nachgeahmt, und heute wird ein Theil ihres Tabaks in Püppeln in den Handel geliefert. Die Blätter zur Verfertigung der Cigarre=Deckblätter, die bei der Püppelung breit und glatt gestrichen, sind in manchen Jahrgängen zu 22 Gulden (46 Fr. 20 Cent.) die 50 Kilogr. bezahlt worden.

Die Püppeln bestehen im Niederrhein aus 50 Bodenblättern oder 25 großen Blättern. Da die richtige Abzählung der Blätter auf richtiger Zählung der Blätter in den Püppeln beruht, so können die Pflanzer auf diese Zählung nie zu viel Aufmerksamkeit verwenden.

Les planteurs de l'Alsace cherchent à prévenir cet inconvénient, en laissant leurs tabacs à la pente jusque après les premiers froids.

L'époque de la dépente est aussi celle des achats; le tabac est livré en bottes, formées ainsi qu'il vient d'être dit. Ne trouve-t-on pas d'occasion pour le vendre, ou veut-on le conserver plus longtemps? il faut alors qu'il subisse une manutention spéciale, afin qu'il ne soit pas exposé à une trop forte fermentation, dont les suites seraient la putréfaction.

Cette opération est la formation des masses de ressuage : c'est, à la vérité, un mal inévitable, et qui est la suite de la maturité si lente et si tardive sous notre climat.

Dans les contrées où les rayons du soleil ont plus de force et de durée, où les gelées blanches du printemps et de l'automne sont inconnues, et où les récoltes atteignent une maturité si précoce qu'elles arrivent promptement à une complète dessiccation, il n'est pas nécessaire d'avoir recours à une opération, dont le résultat est de chercher à remplacer, par un ressuage et une fermentation artificielle, ce que la nature refuse sous notre climat. Il ne nous est possible de sécher convenablement les tabacs que très-rarement et dans des années tout à fait favorables, et presque jamais les produits de la seconde pousse, dont les planteurs voudraient cependant aussi tirer quelque parti.

On forme les masses de la manière suivante :

On place les bottes confectionnées, comme il a été dit ci-dessus, au nombre de 6 ou 8 de hauteur et de largeur, en bancs isolés, qui mesurent par conséquent de 4 à 5 pieds (1 mèt. 30 centim. à 1 mèt. 66 centim.). Les feuilles de terre peuvent être formées en bancs plus grands.

Um die Zeit des Abhängens tritt auch in der Regel der Verkauf ein, wo er dann auf oben bezeichnete Weise gebunden abgesetzt wird. Hat man nun aber keine Absatz=Gelegenheit, oder will man ihn noch länger selbst aufbewahren, so muß er, damit er nicht in allzu starke Gährung gerathe und in dessen Folge in Fäulniß übergehe, hierzu besonders zugerichtet werden.

Jene Arbeit heißt man das Brühhaufensetzen oder Aufstocken des Tabaks, und ist eigentlich ein unvermeid=liches Uebel, in Folge des, in unserm weniger warmen Klima, langsam und spät erfolgenden Reifens der Ta=bakblätter.

Wo stärker und längere Zeit die Sonne strahlt, wo zerstörende Nachtfröste, wie in unseren Frühlingen und Herbsten, unbekannte Erscheinungen sind, wo die Pro=dukte immer so früh reif werden, daß sie noch vor ein=tretendem Winter schön austrocknen, da bedarf es einer Operation nicht, welche durch künstliches Gähren und Schwitzenlassen der Tabakblätter das zu ersetzen versucht, was die Natur in der Regel unserem Klima versagt hat: denn nur selten und in ganz besonders günstigen Jahren können wir den Tabak gehörig trocknen, fast nie aber den Nachwuchs, den der Pflanzer doch auch zu Geld machen möchte.

Das Verfahren beim Aufstocken des Tabaks ist fol=gendes:

Man setzt die auf oben gezeigte Weise gefertigten Bunde in lange freistehende Haufen, deren jeder in der Höhe und Breite 6 — 8 Büschel, d. h. 4 — 5 Fuß (1 Meter 30 Centimeter bis 1 Meter 66 Centimeter) mißt; Sandblätter dürfen in größeren Haufen aufgestockt werden.

Si le planteur n'a pas à sa disposition une chambre qu'il puisse consacrer à cet usage, ou un bon grenier, l'aire de la grange (dans le cas où elle ne serait pas humide), garnie de paille, suffit.

Les masses une fois formées, il se produit, au bout de quelques jours, si le tabac a été mal séché, dans leur intérieur, une forte chaleur; si la dessiccation a été, au contraire, bonne, la chaleur n'apparaît que deux ou trois semaines après. On en empêche la continuation, en retournant les masses, et cela de manière, qu'en les réformant, on amène les bottes qui se trouvaient en haut et à l'extérieur dans l'intérieur, afin de les faire participer à la fermentation; celles, au contraire, qui étaient dans l'intérieur et qui ont le plus ressenti la chaleur et pris une belle couleur d'un brun chatain, sont ou placées dans le fond et sur les faces extérieures, ou mises entièrement de côté.

Cette manipulation se répète, suivant les besoins, une ou plusieurs fois, jusqu'à ce que les feuilles soient entièrement crispées. On peut aussi rehausser les masses d'une couche de bottes à chaque remuage.

Le planteur doit avoir soin, toutes les fois que les tabacs sont retournés, de bien examiner s'il ne se trouve pas quelques feuilles pourries, et, dans l'affirmative, les enlever immédiatement.

Lorsque les feuilles ont, enfin, par suite de cette fermentation, acquis la couleur brune, qu'il convient d'obtenir, et qu'elles se sont bien ressuyées, il est nécessaire de secouer et de battre les bottes et de les placer ensuite sur deux ou trois de hauteur, en bancs de refroidissement : ces bancs seront disposés de telle manière qu'il reste chaque fois, entre deux, un espace libre ; par ce moyen on combat, jusqu'à un certain degré, tout échauffement ultérieur.

Hat man zu diesem Zweck kein besonderes Zimmer, oder einen guten Speicher, so genügt auch ein mit Stroh überlegtes, nicht zu dumpfes Scheunentenn.

Ist der Tabak so aufgesetzt, so tritt bei schlecht getrock= netem schon nach wenigen Tagen, bei gut getrocknetem erst nach 2 — 3 Wochen im Innern der Haufen starke Wärme ein, welche man dann dadurch unterbricht, daß man den Haufen umschlägt, d. h. von Neuem so aufsetzt, daß man die Bunde, welche bisher obenauf und außen lagen, daher noch nicht warm geworden sind, nach Innen bringt, damit auch sie in Gährung kommen, und umge= kehrt die früher innen gelegenen, am wärmsten geworde= nen, die theils schon eine schöne kastanienbraune Farbe erlangt haben, werden jetzt theils ganz weggelassen, theils nach unten, oben und den äußern Seiten gebracht.

Diese Manipulation wird nun nach Bedürfniß noch ein oder mehrere Male wiederholt, bis die Blätter völlig zusammengeschrumpft sind. Man kann auch dabei jedes= mal den Haufen (Stock) um eine Bündchen=Lage erhöhen.

Beim jedesmaligen Umschlagen dieser Brühhaufen muß man sorgfältig untersuchen, ob sich nicht faule Blätter vorfinden, und wenn man solche fände, sie sogleich ent= fernen.

Wenn endlich alle Blätter in Folge dieser Fermentation die gehörige braune Farbe erhalten und sich ausgeschwitzt haben, muß man die einzelnen Bündel ausklopfen und dann in 2 — 3 hohe Reihen, Kühlbänke, so aufsetzen, daß zwischen je zwei solcher Bänke ein leerer Raum bleibt, wodurch einer nochmaligen Erhitzung ziemlich vorgebeugt wird.

La chaleur se manifeste ordinairement l'année suivante pendant le mois de mai; il convient par conséquent de visiter, vers cette époque, les tabacs et de les retourner encore une fois, afin de prévenir toute nouvelle fermentation.

En Amérique, on emploie dans le même but un autre procédé, qui est peut-être meilleur. Les feuilles ne sont pas bottelées lorsqu'on les enlève des baguettes; on les dispose, dans un lieu sec, en masses rondes, les pointes toujours tournées en dedans. La marche de la fermentation doit être plus égale et l'air doit pouvoir mieux circuler.

Les masses sont retournées tous les trois à quatre jours; cette opération n'exige pas, d'après l'opinion de certaines personnes, plus de temps que si les tabacs étaient bottelés. On ne les met en manoques, d'après l'usage du pays, usage qui est décrit plus haut, que lorsque la fermentation est complète; il faut, pour arriver à ce résultat, trois à quatre semaines; les manoques sont ensuite placées sur un plancher propre et retournées de temps en temps.

Des tabacs de bonne qualité traités d'après ce procédé, ne sont plus exposés à une nouvelle fermentation; si ce n'est l'été suivant; ce que l'on regarde même comme avantageux.

Lorsque les tabacs sont ainsi placés en masses, il se montre parfois de la moisissure à l'extrémité des côtes qui sont tournées en dehors. Il faut, aussitôt que l'on remarque cette moisissure, l'enlever au moyen d'une brosse rude; sans cela, les côtes sont exposées à pourrir et à communiquer le mal aux feuilles qui sont en contact avec elles. [1]

---

1. L'emploi de la brosse pour enlever la moisissure est nuisible, parce que les feuilles sont au moins tachées si même elles ne sont

Im Monat Mai des folgenden Jahres erfolgt zwar in der Regel eine abermalige Erwärmung; man muß deßhalb um jene Zeit den Tabak nochmals untersuchen und umschlagen, um einer abermaligen Fermentation zuvorzukommen.

In Amerika hat man auch hierzu eine andere, vielleicht bessere Methode. Es werden die Blätter nicht vorher in Gebünde gebracht, sondern, nachdem sie von den Ruthen abgenommen sind, schlägt man sie an einem trockenen Orte auf runde kesselartige Haufen, die Spitzen immer nach innen gekehrt. Der Gährungsprozeß soll gleichförmiger vor sich gehen und die Luft wegen des lockern Liegens einen freieren Durchgang behalten.

Diese Haufen müssen aber alle 3 — 4 Tage umgesetzt werden, welches jedoch nicht viel mehr Zeit erfordern soll als bei Gebünden, und erst nachdem der Tabak vollständig vergohren hat, wozu eine Zeit von 3 — 5 Wochen erforderlich ist, bindet man ihn auf die, wie oben gezeigt worden, in Amerika übliche Weise in Büschel, welche dann auf rein gebordete Boden gesetzt und von Zeit zu Zeit umgeschlagen werden.

Guter, auf solche Weise getrockneter Tabak soll nicht wieder in Fermentation kommen, außer etwa im Sommer des folgenden Jahres, was man aber sogar für vortheilhaft hält.

Nicht selten zeigt sich bei dem so in Haufen liegenden Tabak, an den nach außen gekehrten Enden der Rippen, Schimmel; dieser muß, sobald er bemerkt wird, durch Bürsten mit einer recht scharfen Bürste entfernt werden, wenn die Rippen nicht in Fäulniß gerathen und dann auch die sie berührenden Blätter anstecken sollen.¹

---

1. Die Bürste anwenden, um den Schimmel wegzuschaffen, ist schädlich, denn die Blätter, wenn sie nicht zerrissen worden,

La fermentation du tabac demande, ainsi qu'on a pu le remarquer facilement d'après ce qui vient d'être dit, une grande expérience, que chacun n'a pas trouvé l'occasion d'acquérir. Il convient dès lors de conseiller aux planteurs de faire soigner cette opération par des personnes habiles.

Il existe, dans beaucoup de communes où la culture du tabac est répandue, des gens qui s'occupent exclusivement de la fermentation. Ils disposent les tabacs en bancs plus ou moins élevés, suivant de degré de chaleur nécessaire qu'il s'agit d'obtenir pour produire les nuances diverses. Ils ont également égard à l'année de la récolte, etc.

Frais de culture.

Avant de terminer, encore quelques mots sur les produits et les frais de la culture du tabac.

Le rendement en nature du tabac est bien différent, suivant que l'on cherche à produire des feuilles pour la pipe ou pour la poudre; ces différences sont toutefois souvent compensées par les prix payés, parce que la valeur des tabacs cultivés pour la fabrication des tabacs à fumer se trouve avec celle des tabacs propres à la poudre dans la proportion de 13 ou 14 florins (27 fr. 30 c., 29 fr. 40 c.) à 10 fl. (21 fr.), tandis que les derniers, sous le rapport du rendement par arpent, sont de dix quintaux, lorsque les premiers n'en donnent que sept.

---

pas déchirées; les planteurs du Bas-Rhin doivent donc s'en abstenir. Il est bien préférable de secouer les manoques atteintes de moisissure et de les battre les unes contre les autres. Cette main-d'œuvre, répétée plusieurs fois, fait disparaître la moisissure, lorsqu'elle n'a pas encore pénétré dans le parenchyme de la feuille.

Das Vergährenlaſſen des Tabaks erfordert, wie aus dem bisher Gesagten leicht zu erſehen iſt, viele Erfahrung, welche nicht Jeder Gelegenheit hat ſich zu eigen zu machen; es iſt deßhalb räthlich, ſo lange man keine eigene Erfah=rung hierin hat, dies Geſchäft durch Sachverſtändige be=ſorgen zu laſſen.

Es gibt in vielen Tabakorten Leute, die ſich ausſchließ=lich damit befaſſen. Sie ſetzen, um die zu verſchiedenen Farben des Tabaks erforderlichen Wärmegrade zu erhal=ten, die Haufen höher oder niedriger. Sie nehmen mit Bedacht Rückſicht auf die verſchiedenen Jahrgänge, u. ſ. f.

Pflanzungskoſten.

Nun noch einiges über Ertrag und Koſten des Tabak=baues.

Der Natural=Ertrag des Tabaks iſt unter ſonſt gleichen Umſtänden oft äußerſt verſchieden, je nachdem man Schwergut oder Pfeifengut erzielen will. Dieſe Verſchie=denheit gleicht ſich jedoch im Preiſe oft wieder aus, indem das Pfeifengut ſich zum Schwergut im Preiſe ungefähr verhält wie 13 bis 14 (27 Fr. 30 C. 29 Fr. 40 C.) zu 10 Gulden (21 Fr.) pr. Zentner; während aber wieder das Schwergut hinſichtlich des Ertrages zum Pfeifengut ſich verhält wie 10 Znt. pr. Morgen zu 7 Zentner.

ſind doch wenigſtens befleckt; die Pflanzer des Niederrheins ſollen daher keinen Gebrauch davon machen; es iſt vorzüglicher die Püppeln, an deren Blätter ſich Schimmel angeſetzt hat, zu ſchütteln und an einander zu klopfen. Der Schimmel, wenn er noch nicht in das Gewebe des Blatts ſich eingedrungen hat, verſchwindet durch eine ſolche, einige Mal wiederholte, Bearbeitung.

Un aperçu des frais pour fa culture du tabac d'un arpent badois (42 à 44 ares), démontrera que cette culture occupe les bras de beaucoup d'ouvriers; ce qui est d'une grande importance dans un pays populeux.

La série des travaux est la suivante :

1.° Trois labours;

2.° Douze voitures d'engrais au moins ;

3.° Douze mille à seize mille plantes, à 10 kreutzer le mille (40 cent.) ;

4.° Plantation; 1 journée d'hommes et 3 de femmes;

5.° Remplacement des pieds manquants; 1 1/2 journée de femmes;

6.° Deux façons à la houe; 3 journées de femmes pour chaque ;

7.° Écimage ; 1/2 journée de femmes ;

8.° Émondage, répété trois fois ; 3 journées de femmes en tout;

9.° Cueille ; 1 journée d'homme et 3 de femmes;

10.° Transport au séchoir; 1/4 de journée;

11.° Mise en chapelets; 4 1/2 journées de femmes;

12.° Trois livres de ficelles, à 20 kreutzers par livre (75 cent.) ;

13.° Mise à la pente; 1 1/2 journée d'hommes ;

14.° Descente de la pente, mise en bottes, etc.; 2 journées d'hommes et 2 de femmes.

D'après les détails qui précèdent, il est facile de reconnaître que la culture de toute autre plante ne donne plus lieu à une dépense aussi élevée pour travaux faits à bras d'hommes ; on a par conséquent trouvé avantageux, dans quelques contrées, dans l'Oderbruch, par exemple, et quelquefois dans le Palatinat, principalement dans les grandes exploitations, de concéder les travaux de la culture du tabac à des familles de journaliers, moyennant une

Eine kurze Uebersicht der Arbeitskosten auf einen badischen Morgen (42 — 44 Ares) berechnet, möge zeigen, daß der Tabakbau, wie bereits oben bemerkt worden, viele Hände beschäftige, was in starkbevölkerten Gegenden von hoher Wichtigkeit ist.

Die Reihenfolge der Arbeiten ist folgende:

1. Dreimaliges Pflügen.
2. Wenigstens zwölf Fuhren Dung.
3. 12,000 — 16,000 Pflanzen, pr. 1000 à 10 Kr. (40 Centimes).
4. Verpflanzen, 1 Manns= und 3 Weiber-Taglohn.
5. Nachpflanzen, Ausbessern, 1½ Weibes Tagelohn.
6. Zweimaliges Behacken. Jedesmal 3 weibliche Arbeitstage.
7. Köpfen, ½ Weibes=Tagelohn.
8. Dreimaliges Ausgeizen, 3 Weibes=Tagelohn.
9. Zur Ernte, 1 männlicher und 3 weibliche Arbeitstage.
10. Einbringen, ¼ Tag.
11. Einfassen der Blätter zum Trocknen, 4½ weibliche Tage.
12. 3 Pfund Tabakgarn wenigstens à 20 Kr. (75 Cent.) pr. Pfund.
13. Aufhängen, 1½ männliche Arbeitstage.
14. Abhängen, Oeffnen der Bandeliere und Einpacken in Bunde, 2 weibliche und 2 männliche Tage.

Hiernach ist leicht zu berechnen, daß vielleicht bei keiner andern landwirthschaftlichen Kulturpflanze die Handarbeiten sich so hoch im Lohne belaufen als bei dieser; man hat es daher in einigen Gegenden, z. B. im Oderbruche und auch hier und da in der Pfalz, besonders auf großen Wirthschaften für vortheilhaft gehalten, den Tabakbau an einzelne Taglöhnerfamilien gegen einen verhältnißmä=

partie proportionnelle du produit brut. Le propriétaire ne fournit que l'engrais nécessaire, et n'exécute que les travaux de la charrue.

La portion que reçoit le colon ne peut naturellement pas, ainsi que cela se comprend, être égale partout ; elle varie, d'après la fertilité du sol, de deux cinquièmes à la moitié du rendement brut. [1]

---

1. Dans quelques localités du Bas-Rhin, la culture est quelquefois aussi confiée à des journaliers, moyennant le tiers du produit. Il a été remarqué que ces cultures sont presque toujours bien soignées, et il serait à désirer que cet usage se propageât surtout parmi les planteurs dont l'exploitation agricole est considérable, et qui, souvent, n'ont pas le temps nécessaire pour bien soigner leurs tabacs.

ßigen Theil des Rohertrages, zu veraccordiren. Der Grund=
eigenthümer liefert nur den nöthigen Dünger und besorgt
die Pflugarbeiten.

Jener Antheil, welchen der Accordant erhält, kann,
wie sich von selbst versteht, natürlich nicht überall gleich
seyn; je nach der Ertragsfähigkeit des Bodens ist es von
⅓ bis zur Hälfte des Rohertrages.[1]

---

1. In einigen Ortschaften des Niederrheins wird auch zuweilen
der Tabakbau mittelst dem dritten Theil des Ertrags an Taglöhner
übergeben; es ist bemerkt worden, daß diese Pflanzungen meistens
wohl besorgt sind, und es ist zu wünschen daß dieser Gebrauch
sich verbreiten würde, hauptsächlich bei großen Landwirthschaften,
wo es öfters an Zeit fehlt um den Tabak gut zu besorgen.

Strasbourg, imprimerie de V.ᵉ Berger-Levrault.

www.ingramcontent.com/pod-product-compliance
Ingram Content Group UK Ltd.
Pitfield, Milton Keynes, MK11 3LW, UK
UKHW020905120726
13693UKWH00003B/904